Gerd Höhler

Erdbeben –
Gefahr aus der Tiefe

Ursachen, Verlauf und Folgen

Hoffmann und Campe

CIP-Kurztitelaufnahme der Deutschen Bibliothek

Höhler, Gerd:
Erdbeben – Gefahr aus der Tiefe : Ursachen, Verlauf u. Folgen / Gerd Höhler.
– 1. Aufl. – Hamburg : Hoffmann und Campe, 1984.
    ISBN 3-455-08642-X

Copyright © 1984 by Hoffmann und Campe Verlag, Hamburg
Lektorat Claudia Glismann
Umschlaggestaltung Jan Buchholz und Reni Hinsch
Gesetzt aus der Garamond-Antiqua
Satzherstellung Fotosatz Otto Gutfreund, Darmstadt
Druck- und Bindearbeiten Grafische Betriebe Ebner, Ulm
Printed in Germany

Inhalt

Vorwort

In jeder Minute ereignen sich auf der Welt 14 Erdbeben; über 800 pro Stunde; mehr als 20 000 jeden Tag; rund sieben millionenmal im Jahr bebt die Erde!

Die allermeisten dieser Erdstöße sind nicht einmal für die empfindlichsten Meßinstrumente wahrnehmbar. Aber rund 100 000mal jährlich, durchschnittlich 273mal am Tage, elfmal pro Stunde, alle fünfeinhalb Minuten ereignet sich auf unserem Planeten ein Erdstoß, der stark genug ist, um von Menschen gespürt zu werden. Die Mehrzahl dieser Beben freilich ereignet sich weitab bewohnter Regionen – in den Weiten der Tundra, unter dem ewigen Eis der Arktis oder auf dem Grund der Ozeane.

Doch 41mal am Tag bebt die Erde so vernehmlich, daß Menschen irgendwo aus dem Schlaf hochschrecken; achtmal täglich ereignen sich Beben, die heftig genug sind, um die Lampen an der Zimmerdecke in Schwingungen zu versetzen. Durchschnittlich alle drei Tage richtet ein Erdbeben irgendwo auf der Welt Schäden an, und jeden Monat einmal bringt ein Beben Menschen in akute Lebensgefahr. Zweimal jährlich schließlich ereignet sich irgendwo auf der Welt eine gewaltige Erdbebenkatastrophe, die weite Landstriche total verwüstet und Tausende, ja Hunderttausende das Leben kosten kann.

Erdbeben, diese furchterregendsten aller Naturkatastrophen, fordern im langjährigen Durchschnitt jährlich etwa 20 000 Todesopfer. Das mag nicht dramatisch klingen – im Straßenverkehr sterben sehr viel mehr Menschen. In manchen Jahren jedoch erreichten Erdbebenkatastrophen geradezu apokalyptische Ausmaße. So 1556, als in der chinesischen Provinz Shensi über 800 000 Menschen einem Beben zum Opfer fielen; oder 1737, als in Kalkutta ein Erdbeben über 300 000 Tote forderte; oder 1976, als am 27. Juli ein Beben über die chinesische Industriestadt Tangshan hereinbrach – über 650 000 Menschen starben.

Erdbeben auch in Europa: Friaul und Bukarest, Messina und Lissabon, Neapel und Korinth, Skopje und Volos – Städte, die von schweren Erdbebenkatastrophen mit Tausenden von Todesopfern heimgesucht wurden. Erdbeben schließlich auch in Deutschland: Aachen, Stuttgart, Lörrach, Ebingen . . .

Was sind Erdbeben? Wo ereignen sie sich und warum? Weshalb konzentrieren sich diese Katastrophen auf bestimmte Regionen unseres Planeten: Südamerika, Japan, China, Kalifornien, den Mittelmeerraum? Und wie steht es um die Zukunft dieser Bebenregionen: Was hat eine Stadt wie San Francisco zu erwarten, die schon einmal, im Jahre 1906, von einer verheerenden Erdbebenkatastrophe heimgesucht wurde – den Untergang, noch einmal? Und müssen wir womöglich in unseren Breiten, in Mitteleuropa, in Deutschland gar mit künftigen schweren Erdbeben rechnen?

Was die Zukunft angeht, müssen die Antworten oft vage ausfallen. Was erwartet die japanische Metropole Tokio, die zuletzt 1923 von einem gewaltigen Beben heimgesucht wurde, das über 140 000 Menschenleben kostete? Was steht dem glitzernden Los Angeles bevor, was Hollywood und Beverly Hills, die erst 1971 von einem mittelschweren Erdbeben durchgerüttelt wurden, das entgegen den Erwartungen der meisten Experten ›bebensichere‹ Highwaybrücken einstürzen ließ und Hospitäler in Trümmerfelder verwandelte – war das die Ouvertüre des bevorstehenden Desasters? Geht das Traumland Kalifornien, Amerikas reichster, zukunftsgläubigster Staat, womöglich einer Katastrophe unvorstellbaren Ausmaßes entgegen? Einer Katastrophe, die, wie ein Experte ahnt, die »größte Identitätskrise der amerikanischen Gesellschaft auslösen wird« und die Konsequenzen für die ganze westliche Welt haben müßte?

Sicher ist soviel: Das nächste große Erdbeben in Kalifornien kommt, es kommt unausweichlich. Tief unten in der kalifornischen Erdkruste hat der Countdown längst begonnen. Und die Menschen in Kalifornien machen sich keine Illusionen darüber, diese Katastrophe mit heiler Haut überstehen zu können.

Erdbeben sind verwirrende, furchteinflößende Naturereignisse. Sie sind verwirrend, weil sie eine uns seit jeher selbstverständliche Gegebenheit radikal in Frage stellen, ein Naturgesetz zu suspendieren scheinen: den Glauben, daß der Boden unter unseren Füßen, auf dem wir krabbeln und laufen gelernt haben, etwas Festes, etwas Unbewegliches sei. Daß sich dieser Erdboden in Bewegung versetzen kann ist ein allen unseren tief verinnerlichten Erfahrungen widersprechendes Erlebnis. Und furchteinflößend sind Erdbeben, weil man vor ihnen nicht fliehen kann: Sie sind da, von einem Augenblick zum nächsten, unabwendbar und unentrinnbar. Da dehnen sich Sekunden zu Ewigkeiten. Erdbeben machen angst, Urangst – auch dem, der schon zwei, drei Dutzend durchgestanden hat.

Die Seismologie, die Erdbebenforschung, hat in den letzten Jahrzehnten bedeutsame Fortschritte gemacht: Die Erfindung des Seismographen ließ Erdbeben meßbar werden und verhalf uns gleichzeitig zu neuen aufregenden Erkenntnissen über das Innere unseres Planeten. Alfred Wegeners Theorie von der Drift der Kontinente, zunächst von Fachleuten belächelt, ist inzwischen allgemein akzeptiert. Sie hilft uns zu verstehen, was Erdbeben sind: riesigen Flößen gleich, treiben Bruchstücke der Erdkruste auf dem zähflüssigen Magma des Erdmantels, schrammen aneinander vorbei wie Eisschollen auf einem Fluß; immer wieder aber verhaken sich diese driftenden Krustenplatten ineinander – und dann stauen sich, tief unten im Gestein, gewaltige Energiemengen auf, die sich schließlich ruckartig entladen: in einem Erdbeben.

Gibt es Möglichkeiten, diese schrecklichsten aller Naturkatastrophen vorherzusehen? Ahnen, spüren womöglich Hunde und Pferde, Katzen und Schlangen ein herannahendes Beben? Oder gibt es gar Menschen mit einem ›sechsten Sinn‹ für

Erdbeben? Signalisieren vielleicht Magnetstürme auf unserer Sonne, wann die Erde bebt?

Eines steht fest: Erdbeben kündigen sich an. Wir müssen nur lernen, die verwirrende Vielfalt der Signale richtig zu deuten. Mit Hilfe der modernen Datenverarbeitung sind die Wissenschaftler diesem Ziel mittlerweile nähergekommen. Aber von einer zuverlässigen Prognosetechnik trennen uns vermutlich noch Jahrzehnte. Und wenn es die eines Tages geben wird, was dann? Verliert ein Erdbeben, das wir vorhersagen können, seine Schrecken? Oder beschwört die Erdbebenprognose womöglich ganz neue Gefahren herauf?

Danksagung

Der Autor dankt allen, die Anteil an diesem Buch haben. Zahllose Wissenschaftler standen ihm mit Rat und Anregungen zur Seite. Besonderen Dank schuldet er den Mitarbeitern des United States Geological Survey und der Seismological Society of America. Wertvolle Anregungen gaben Bruce Bolt von der University of California/Berkeley und Ludwig Ahorner von der Universität Köln. Stets hilfsbereite und anregende Gesprächspartner bei Recherche und Materialbeschaffung waren William Whitson, Direktor der Earthquake Task Force des Staates Kalifornien, Robert Nason vom United States Geological Survey, Andrew Casper vom San Francisco Fire Department, Michael Regan vom Zivilschutzamt der Stadt Los Angeles, Dr. Alfred Auerback und Henry Degenkolb, San Francisco.

Bei der Beschaffung des Bildmaterials halfen bereitwillig und unbürokratisch der United States Geological Survey, die National Oceanic and Atmospheric Administration, die NASA, der Staat Kalifornien, die Stadt Los Angeles und zahlreiche andere offizielle Stellen.

Der Untergang – noch einmal?

Es ist Freitagnachmittag. Auf dem *Skyway*, dieser Auto-Achterbahn unten am Embarcadero, staut sich der Verkehr in vier Etagen. Auf dem Unterdeck der Bay Bridge quälen sich die Autos auf den fünf Fahrstreifen des Interstate 80 hinüber nach Treasure Island und Oakland. Auf der Golden Gate Bridge sind auch an diesem, wie an jedem Nachmittag, vier der sechs Fahrspuren für die Pendler und Ausflügler reserviert, die zu ihren Häusern in Marin County oder auf dem Highway One-O-One zum Stinson Beach oder nach Point Reyes hinausfahren. Es ist ein Freitagnachmittag im April.

Auf dem Pier 39, San Franciscos neuester, ganz im Goldgräberdekor gehaltenen Touristenfalle, drängen sich die Reisegruppen aus Montevideo/Minnesota, Yokohama/Japan und Düsseldorf/Deutschland. Es ist ein sonniger, klarer Nachmittag. Die Hamburger-Verkäufer in Fisherman's Wharf machen gute Geschäfte, die Rundfahrtschiffe der Blue and White Fleet sind überfüllt und kreuzen unablässig zwischen Golden Gate, Alcatraz und Bay Bridge. Eine Tonbandstimme erläutert die Skyline, plaudert Wissenswertes über die Superlative der Brücken und Wolkenkratzer aus und gibt Gruselgeschichten über die ehrfürchtig-langsam umrundete Sträflingsinsel Alcatraz zum besten. Derweil schwirrt der rot-weiße Bell-Helikopter in immer neuen Fünf-Minuten-Rundflügen wie eine Hornisse über die Bucht, sechs zahlende und knipsende Schaulustige an Bord. Eine frische Brise aus Nordwest bläst die Segel der Yachten, ein Tanker manövriert durch das Gewirr der Cheoy Lee-Segler und Grand

Banks-Trawler von der Ölpier in Oakland auf das Golden Gate, das Tor zum Pazifik zu. Es ist kurz vor sechzehn Uhr.

In den Striplokalen am Broadway werden die Eismaschinen in Betrieb genommen und die roten Tischdecken ausgebreitet. Im Curran-Theater, 445 Geary Street, geht die Nachmittagsprobe von *A Chorus Line* routiniert über die Bühne. Zwei Blocks weiter fragt sich der Hausdetektiv des San Francisco Hilton, ob er jene dunkelhäutige Dame, die seit einer halben Stunde zeitunglesend in der Lobby sitzt, unauffällig hinauswerfen kann, ohne daß der Vorfall morgen im »San Francisco Examiner« steht. An den Aufzugstüren des Hauptquartiers der Bank of America an der Ecke Montgomery und Market Street ist *down* gefragt: die Kragenknöpfe geöffnet, die Krawatte leicht gelockert, streben die Devisen- und Börsenexperten in die Tiefgarage zu ihren Chevys und Fords. In Chinatown werden für den Abend die Garküchen in Betrieb genommen.

Im Kontrollturm des San Francisco International Airport richten sich die Fluglotsen auf den ›Nachmittagsknoten‹ ein, eine von vier Tageszeiten mit maximalem Verkehrsaufkommen. Vor dem Gebäudetrakt des U.S. Geographical Survey in Menlo Park leert sich der Parkplatz – Weekend. Und in ihrer Villa in Pacific Heights zieht Mrs. Patricia Costello die Vorhänge auf und blickt hinunter auf die glitzernde Bucht.

Im Old San Francisco-Theater an Fisherman's Wharf geht in Multivision der *Untergang von San Francisco* über die Bühne – eine Multimedia-Schau, die den Touristen mit Dias, bengalischem Feuerzauber, sorgfältig präparierten Tonbändern und einer unheilschwangeren Kommentatorstimme die Apokalypse des Jahres 1906 nahezubringen versucht. Ein U-Bahnzug mit 346 Fahrgästen verläßt die Embarcadero-Station, um in der Betonröhre unter der Bucht auf gummigelagerten Gleisen lautlos nach Oakland hinüberzuhuschen. Phil Day, Chef des Katastrophenamtes der Stadt San Francisco, klappt die Sonnenblende in seinem roten Pontiac herunter, um im Stau auf dem Highway 101 die Sicht gegen die tiefstehende Sonne nicht ganz zu verlieren. Die Radiostation *KIOI* sendet Kurznachrichten auf der Frequenz 101 Megahertz, Ultrakurzwelle: . . . *prime*

rate um ein halbes Prozent gesunken, der Dow-Jones fünf
Punkte höher ... Staus auf der Bay Bridge, zehn Minuten
Wartezeit bei der Auffahrt zur Golden Gate Bridge ... ein
liegengebliebener Tanklastzug auf dem Bayshore-Freeway 101
southbound ... das Wetter: wolkenlos, 52 Grad Fahrenheit ...
Vor dem Eingangsportal des St. Francis Hotel am Union
Square öffnet William C. Ellison aus Sacramento die Tür seines
Cadillac-Cimarron und setzt den linken Fuß auf den Asphalt
der Powell Street. Ein Vogelschwarm fliegt kreischend aus den
Palmen auf. Es ist 15 Uhr 59 und zwölf Sekunden.
Später wird sich William C. Ellison an jenes Geräusch erinnern,
das er hörte, bevor sein Cadillac in wilde Schwingungen geriet –
dieses Donnern, Brausen und Rumpeln aus der Tiefe, wie von
tausend Güterzügen, die irgendwo unter der Straße hindurch-
sausen. Er wird sich vage entsinnen, daß er sich in dieser
Sekunde Richtung Union Square umsah, denn von dort, von
Osten, schien das Geräusch zu kommen. Aber noch während
William C. Ellison seinen Blick dorthin wendet, mischt sich das
dumpfe Grollen aus der Tiefe mit dem schrillen Klirren ber-
stender Schaufenster, dem Quietschen sich verwindender Alu-
miniumfassaden und dem explosionsartigen Knallen herabstür-
zender Marmorplatten.
William C. Ellison und eine Million Menschen, die sich um 15
Uhr 59 und zwölf Sekunden in und um San Francisco aufhal-
ten, begreifen in dieser Sekunde, daß es soweit ist: *The Big One*
– das große, das Jahrhundertbeben, von dem sie alle immer
wieder in den Zeitungen gelesen haben, ist da; die Neuauflage
der Katastrophe vom 21. April 1906; der Untergang – noch
einmal. Zwei Blocks östlich vom St. Francis verlöschen in der
U-Bahn-Station Market Street in dieser Sekunde die Neonlich-
ter und die elektronischen Anzeigetafeln, die Rolltreppen stehen still. 466 Menschen, die in den Minuten zuvor ihre mit
einem Magnetstreifen versehenen Papptickets in die Schlitze
der Automaten an den Eingangssperren gesteckt haben, stehen
in tiefster Finsternis auf den beiden Bahnsteigen. Für einen
Augenblick flackern die an der Decke installierten Notlichter
auf – und verlöschen wieder. In der Stille, die im Augenblick

nach dem ersten Erdstoß herrscht, weil jedermann den Atem anhält, starren sie hinüber in die schwarze Dunkelheit, dahin, wo der Tunnel ist, die Stahlbetonröhre, die unter der Bay hinüber nach Oakland führt. Aus diesem Tunnel aber ertönt in dieser Sekunde nicht das vertraute, von einem leichten Luftzug begleitete Summen eines auf gummigelagerten Gleisen herannahenden Zuges. Kein Scheinwerferlicht spiegelt sich in der kachelverkleideten Röhre. Es ist ein fernes, in den Gewölben tausendfach nachhallendes Knirschen und Stöhnen, das in diesem Augenblick aus der Dunkelheit dringt. Sekundenbruchteile später ist der zweite Erdstoß da. Krachend fällt ein Teil der Aluminiumverkleidung von der Decke auf den Bahnsteig, die Lüftungskanäle der Klimaanlage stürzen aus ihren Halterungen auf die Gleise. Panik bricht aus. Über ein Gewirr aus Aluminium, Glas, Blech, Kabeln, Kacheln und eingezwängten, niedergetrampelten Körpern drängen, stürzen Hunderte dahin, wo sie in der Finsternis die Ausgänge vermuten . . .

Im Hotel Mark Hopkins auf Nob Hill bleibt in dieser Sekunde die Kabine des Aufzugs Nr. 3 zwischen dem 7. und 8. Stockwerk stecken. Das Licht erlischt, und in der Dunkelheit werden die sechs Hotelgäste und ein Zimmerkellner, der ein Tablett zu balancieren versucht, durchgerüttelt. Jemand läßt ein Feuerzeug aufflackern, drückt den roten Emergency-Knopf, aber keine Alarmglocke ertönt. Ein anderer greift zu der blankpolierten Aluminiumklappe, hinter der sich das Notruf-Telefon verbirgt. Aber die Leitung ist tot.

Auf der California Street passiert der Cable-Car Nr. 51 in diesem Augenblick das Mark Hopkins. Der Erdstoß wirft den Wagen aus den Gleisen, unter ohrenbetäubendem Gepolter schießt er auf der steil abfallenden Straße zu Tal, stürzt um, rutscht, während die Holzkarosserie zersplittert, noch 50 Meter auf der Seite liegend weiter bergab und zerschellt schließlich an einer Hauswand.

Auf dem San Francisco International Airport erhält in dieser Sekunde, mit 25 Minuten Verspätung, der TWA-Flug 760 nach Los Angeles und London-Heathrow die Starterlaubnis. Die Boeing 747, Kennzeichen N 93114, beschleunigt mit 284 Passagieren, 13,5 Tonnen Fracht und 26 Tonnen Kerosin in den Tanks auf der Runway 07L/25R in Richtung Südosten. Copilot Ronald Schwartz bemerkt den klaffenden Riß, der sich im Beton der Bahn auftut, zu spät. Mit einem kurzen, harten Schlag reißt das Bugfahrwerk des Jumbo weg, die Nase des Flugzeugs senkt sich und schlägt krachend und funkenschlagend auf der Piste auf. Sekundenbruchteile später hat sich die dahinschlingernde Boeing in einen gewaltigen Feuerball verwandelt.

Eigenartiges ereignet sich in diesen Sekunden am Staudamm des Briones-Reservoirs in den Bergen über Berkeley am Ostrand der Bucht: Der aufgeschüttete Wall vibriert, erzittert wie ein riesiger Wackelpudding und gibt dabei ein dumpfes Grollen von sich. Etwas Ähnliches passiert auch am einige Kilometer nordwestlich gelegenen San Pablo-Damm. Während hier die aufgeschütteten Erdmassen in immer stärkere Vibrationen geraten, befindet sich der Briones-Damm bereits im Stadium der Auflösung: Der noch vor Sekunden feste, massive Wall hat sich in eine einzige Masse zähflüssigen Schlamms verwandelt, der die im Reservoir aufgestauten Wassermassen nicht länger zurückhalten kann. Eine Lawine aus Geröll, entwurzelten Bäumen, Matsch und tosendem Wasser ergießt sich ins Tal. Unaufhaltsam wälzt sich die gewaltige Flut auf Berkeley zu.

Dort, in der Erdbebenwarte der University of California, kommen die Seismographen nicht zur Ruhe. 40 Sekunden ist es nun her, seit die Instrumente den ersten Stoß registrierten. Aber immer noch schlagen die Schreibhebel mit unverminderter Heftigkeit aus. Die Alarmsirene, die mit den Meßinstrumenten gekoppelt ist und die bei stärkeren Erdstößen automatisch ertönt, wird längst von dem Getöse umstürzender Möbelstücke in den oberen Stockwerken übertönt und von dem Ächzen und Knirschen in den Decken und Wänden des Institutsgebäudes, das die wilden Schwingungen des Untergrundes nun nicht länger verkraftet: Mit donnerartigem Knallen tun sich Risse im Beton auf, Glas splittert, Stahl biegt sich kreischend – und eingehüllt in eine mächtige Staubwolke stürzt das Gebäude in sich zusammen.

1000 Kilometer östlich, in der Zentrale des U.S. Geological Survey in Boulder, Colorado, hatte sich der erste Erdstoß durch klirrende Gläser im Schrank, sanft schaukelnde Lampen und ein zunächst kaum spürbares Vibrieren des Bodens bemerkbar gemacht. Nur wenige Menschen nahmen das Beben überhaupt wahr, und niemand ahnte, was sich in diesen Sekunden an der Westküste ereignete. Auf den Papiertrommeln der Seismographen aber deutet sich die Katastrophe an, und der Computer, der aus den Daten der vielen Dutzend Meßstationen, die über Kurzwellenfunk zu einem Netz zusammengeschlossen sind, binnen weniger Sekunden nach einem Erdbeben dessen Ort, Stärke und Dauer berechnet, schafft Gewißheit: In Längen- und Breitengraden druckt der Rechner den Ort des Bebens aus; die Stärke des Erdstoßes gibt er mit einem Wert von 8,8 auf der Richter-Magnitudenskala an.

Der Geologe Michael Bloom – er liest den Computerausdruck im Rechenzentrum des Geological Survey als erster – sucht die vom Computer errechneten Koordinaten auf der Landkarte: Als er sie nach wenigen Sekunden gefunden hat, weiß er, daß sich vor einigen Augenblicken die größte Katastrophe ereignet hat, von der Kalifornien, ja vielleicht die USA je heimgesucht wurden: Das Epizentrum des Bebens liegt keine 20 Kilometer süd-südwestlich von San Francisco City und nur vier Kilometer Luftlinie westlich des Flughafens San Francisco International am Nordrand des San Andreas-Sees.

Während Michael Bloom den 100mal in Gedanken durchgespielten, Dutzende von Malen geprobten Alarmplan in Gang setzt, läuft Andrew »Andy« Casper aus dem ersten Stock des Hauptgebäudes des San Francisco Fire Department an der Golden Gate Avenue die Nottreppe hinunter in die Garage, springt in einen der roten Buicks, schaltet Sirene und Rotlicht ein und macht sich auf den Weg zur einige Kilometer entfernten Katastrophenleitstelle – so sieht es der Notfallplan der Stadt San Francisco vor. Aber Andy Casper kommt nicht weit: Schon an der Van Ness Avenue ist die Fahrbahn durch ein Knäuel ineinander verkeilter Autos hoffnungslos blockiert. Ein Tanklastzug ist über den schmalen Grünstreifen auf die Gegenfahrbahn geschleudert, der Fahrer, so denkt Andy Casper, als er die Szenerie sieht, hat den schweren 30-Tonnen-Sattelzug offenbar auf der während des Bebens wie ein Schiffsdeck schlingernden Fahrbahn nicht unter Kontrolle bringen können; jetzt steckt das Fahrerhaus der Zugmaschine in einem Autosalon, dessen Glasfassade in zigtausend Scherben zerborsten ist. In den quer über den drei Fahrspuren stehenden Tank des Lastzuges hat sich ein Lieferwagen hineingebohrt. Andy Casper springt aus seinem Buick, will zur Unfallstelle hinüberlaufen, da bemerkt er auf dem Asphalt das schmale Rinnsal: Der Geruch von verdunstendem Benzin liegt in der Luft. Während Casper die ersten zwei, drei hastigen Schritte zu dem Tanklastzug hin macht, schießt ihm der erste Gedanke durch den Kopf, der einem Feuerwehrmann wohl angesichts einer solchen Situation automatisch kommt: »Wenn sich hier jetzt jemand eine Zigarette ansteckt . . .« – der Gedanke ist noch nicht ganz gedacht, da hört Andy Casper ein Geräusch, als zünde jemand eine Lötlampe an oder den Brenner eines Gaskochers: dieses »Blupp« – nur diesmal tausendfach verstärkt, begleitet von einem Lichtblitz und einem gewaltigen Hitzeschwall. Instinktiv hebt Andy Casper schützend die Arme vors Gesicht und ergreift vor der Flammenwand, die auf ihn zuschießt, die Flucht. Als er nach hundert Metern einhält und sich umblickt, steht eine mächtige Feuersäule über der Unfallstelle.

Andy Caspers 276 Feuerwehrleute, die im Augenblick des Erdbebens in den Feuerwachen der Stadt dienstbereit waren, erleben in diesen ersten Minuten nach dem Beben ganz ähnliche Situationen: Dort, wo die Garagen der Feuerwachen nicht eingestürzt sind, bleiben die Löschzüge schon nach wenigen hundert Metern stecken: Herabgestürzte Fassaden, in den Bezirken außerhalb des von Wolkenkratzern beherrschten Financial Districts, der eigentlichen City, auch eingestürzte Ziegelbauten, versperren die Fahrbahnen. Oft ist der nächste Brandherd ohnehin nur Schritte von den Feuerwachen entfernt: Über 6500 Gasleitungsanschlüsse, so wird man später mühevoll rekonstruieren, sind im Augenblick des Bebens allein in der Innenstadt von San Francisco gebrochen: Wo es sich sofort entzündet, verbrennt das nachströmende Gas als harmlose Fackel gleich an den Lecks – oder aber es füllt allmählich die Keller der Wohnhäuser, dringt unterirdisch in die Kanalisation ein und sprengt, wenn es irgendwo durch den winzigen Funken eines elektrischen Relais, durch eine glimmende Zigarette oder durch ein achtlos weggeworfenes Streichholz entzündet wird, ganze Gebäudezeilen und Häuserblocks in die Luft.

Andy Caspers Leute sind, so müssen sie bald erkennen, machtlos gegen die Feuerstürme, die sich in einigen Stadtbezirken auszubreiten beginnen: in Chinatown zum Beispiel, wo die meist drei- oder vierstöckigen, oft aus Holz gebauten Häuser dem ersten Erdstoß relativ gut standgehalten haben. Ächzend zwar, in allen Fugen knirschend, haben die meisten Häuser das Beben buchstäblich ausgeritten, so wie ein geübter Rodeo-Jockey, der sich nicht aus dem Sattel werfen läßt. Doch nun droht sich die Katastrophe vom 18. April 1906 zu wiederholen – auch damals war es nicht das Beben, das San Francisco zerstörte –, es war ein Untergang auf Raten: Riesige Feuerstürme legten die Metropole an der Westküste damals in Schutt und Asche. Das war 1906 – und im San Francisco der siebziger und achtziger Jahre hatte man diese Katastrophe als ein fast schon liebenswertes Kuriosum betrachtet, als einen touristischen Aktivposten, der sich in vielerlei Art und Weise vermarkten ließ: auf T-Shirts und Kitschpostkarten, in der Geisterbahn unten an Fisherman's Wharf, wo die Multimedia-Schau dieses nachgespielte Sterben einer Weltstadt den Besuchern aus Columbus/Ohio und San Antonio/Texas wohlige Gruselschauer über die Haut jagten. Der Untergang noch einmal? Die meisten Leute in San Francisco hätten abgewinkt: Sicher, *The Big One* – wenn es kommen würde, dieses große, dieses Jahrhundertbeben, dann würde das eine Reihe von Unannehmlichkeiten bedeuten, dessen war man sich sicher: einen ›Blackout‹ wohl, einen Stromausfall also, und auch das Telefonnetz würde wohl zunächst einmal zusammenbrechen; wer weiß, vielleicht würde gar das eine oder andere Gebäude beschädigt werden oder gar einstürzen – aber eine wirkliche Katastrophe, an diese Hoffnung klammerte man sich insgeheim, war wohl auszuschließen;

wenn nicht, wäre es eine, die man sich abends im Fernsehen ansehen konnte, von der man nicht selbst, sondern von der andere betroffen wären.

Benommen noch, starr vor Schreck, ungläubig, begannen in diesen Minuten die Menschen überall in San Francisco zu begreifen, daß sie kaum Chancen hatten, dieser Katastrophe heil zu entkommen, daß sie sich völlig unrealistische Vorstellungen gemacht hatten, nämlich die, den Untergang ihrer Stadt zu überleben.

Diese Erkenntnis schoß den meisten Menschen binnen weniger Sekundenbruchteile durch den Kopf:

– den 345 Fahrgästen des U-Bahnzuges Nr. 3634, der im Augenblick des Erdbebens mit einer Geschwindigkeit von 110 Stundenkilometern durch die Betonröhre unter der Bay raste und, als der Strom ausfiel, selbsttätig von den Druckluftbremsen zum Stehen gebracht wurde. Die Türen der Wagen blieben, wie für solche Notstopps programmiert, geschlossen. Aber auch durch diese verriegelten Türen, durch die dicken, braungetönten Scheiben und die Aluminiumhaut hörten die Menschen jenes Dröhnen – das Brausen und Donnern der herannahenden Flut, die den Zug in wenigen Augenblicken erreicht haben würde;

– den Technikern im Kontrollraum des Atomreaktors im Diablo-Canyon, auf deren Schaltpulten im Augenblick des ersten Erdstoßes alle Alarmleuchten aufflackerten;

– den wenigen Feuerwehrleuten, die mit ihren Löschzügen bis zu einem der rot-weißen Hydranten am Straßenrand vordringen konnten und ihre Schlauchleitungen an die Ventile anschlossen, nur um festzustellen, daß sich der Alptraum des Jahres 1906 zu wiederholen schien: Aus den Hydranten floß das Wasser nur noch tropfenweise.

Daß der Stadt San Francisco, dem ›Bagdad an der Bay‹, eine Katastrophe bevorstand, die jene des Jahres 1906 wohl bei weitem in den Schatten stellen würde, ahnte auch Andy Casper, als er, 15 Minuten nach dem Beginn des Bebens, nicht, wie im hektographierten Notfallplan vorgesehen, das Katastrophenzentrum erreicht hatte, sondern sich zu Fuß wieder zur Zentrale des San Francisco Fire Department an der Golden

Gate Avenue durchgeschlagen hatte und vor dem UKW-Funk-gerät in seinem Büro im ersten Stock saß.

Die wenigen Löschmannschaften, die aufs Geratewohl hinaus-gefahren waren und sich zu den Brandherden hatten durch-schlagen können, hatten längst aufgegeben, Verstärkung anzu-fordern – gefragt waren statt dessen strategische Entschei-dungen:

Der Villenvorort Pacific Heights, so meldete eine der Lösch-gruppen, war von einer gewaltigen Feuerwalze bedroht, die von der Van Ness Avenue unaufhaltsam nach Westen rollte. Nicht wo und wie, sondern ob überhaupt ein Versuch unter-nommen werden solle, das Prominentenviertel zu retten, woll-ten die Feuerwehrleute von der Zentrale wissen.

Es war nicht die einzige Entscheidung dieser Art, mit der sich Feuerwehrchef Andrew Casper an diesem Freitagnachmittag konfrontiert sah. Er konnte im Grunde genommen froh sein, nur mit einem kleinen Teil der Problemfälle jenes Nachmittags und der folgenden 48 Stunden befaßt zu sein – was wirklich in der Stadt am Golden Gate in jenen Stunden nach dem Beben geschah, ahnte Andy Casper nur. Aber er wußte es nicht.

Er wußte nicht, daß zwei Stunden nach dem Erdstoß in 16 Wolkenkratzern im Financial District Brände ausgebrochen waren, daß in diesen Gebäuden die Sprinkleranlagen nicht funktionierten, weil die Zuleitungen zu den in den Decken installierten Wasserspeiern geborsten waren; jeder einzelne die-ser Hochhausbrände hätte seine Feuerwehrleute bereits unter normalen Umständen vor große Probleme gestellt. Aber es herrschten keine normalen Umstände an diesem Freitagnach-mittag in San Francisco: Ganze 86 Feuerwehrleute mit nicht mehr als 12 Löschfahrzeugen waren im Einsatz, wo alle Feuer-wehren des Staates Kalifornien zusammen kaum etwas hätten ausrichten können: Über Pacific Heights fegte ein Feuersturm hinweg, der eigentlich nur noch mit Löschflugzeugen oder Dynamit unter Kontrolle zu bringen gewesen wäre.

Zu diesem Zeitpunkt – so würde man Tage später rekonstru-ieren –, als Andy Caspers Feuerwehrleute verzweifelt gegen das sich anbahnende Inferno in der Stadt ankämpften, waren der Erdbebenkatastrophe bereits mehr als 12 000 Menschenleben zum Opfer gefallen. Über 70 000 Menschen waren so schwer verletzt, daß sie nur dann eine Überlebenschance hatten, wenn sie binnen vier oder fünf Stunden ärztlich versorgt werden konnten. Die Zahl der nicht lebensgefährlich Verletzten belief sich auf rund 100 000. Noch wütete das Feuer, aber bereits jetzt, zwei Stunden nach dem Beben, waren über 120 000 Bürger von San Francisco obdachlos.

Um 16 Uhr 14 kalifornischer Zeit, 13 Uhr 14 New Yorker Zeit, hatte NBC-Radio seine Programme unterbrochen und die ersten, noch vagen Meldungen über das Beben an der Westküste gesendet. In der gleichen Minute liefen die ersten Eilmeldungen über die Fernschreiber der Nachrichtenagenturen Associated Press und United Press International. 45 Minuten später, als sich das wahre Ausmaß des Desasters abzuzeichnen begann, brach ABC-Television seine laufenden Programme ab und begann eine Live-Sondersendung der ABC-NEWS-Redaktion. Die beiden anderen großen Fernsehgesellschaften, CBS und NBC, folgten binnen weniger Minuten.

Gegen 16 Uhr Washingtoner Zeit, drei Stunden nach dem Beben, war klar, daß die Katastrophe nicht allein San Francisco betraf. Im Oval-Office des Weißen Hauses verlas um 16 Uhr 35 der Präsident der Vereinigten Staaten vor den Fernsehkameras jenes Dekret, mit dem er den gesamten Staat Kalifornien zum Notstandsgebiet erklärte.

An der Tokioer Devisenbörse, dort war es jetzt 11 Uhr 30 mittags, befand sich der US-Dollar im freien Fall. Ähnlich schlecht stand es um die Aktien der großen in Kalifornien ansässigen Computer-, Halbleiter- und Elektronikfirmen und der großen Luft- und Raumfahrtunternehmen: IBM waren binnen einer halben Stunde von 89 auf 42 Dollar gefallen, Kaiser Aluminium notierten zu ganzen 4 Dollar, Litton Industries, noch am Vortag zu 49¼ gehandelt, waren auf 12 Dollar gesunken und McDonnell-Douglas von 39⅞ auf 14 Dollar gefallen. Gleichzeitig notierten die Aktien der japanischen Elektronik- und Computerkonzerne zu immer höheren Rekordwerten. In Frankfurt und London riefen sich die Finanz-

und Wirtschaftsbosse telefonisch aus dem gerade anbrechenden Wochenende zurück. Jenes Erdbeben, das um 15 Uhr 59 Ortszeit San Francisco heimgesucht hatte, schien die ganze westliche Welt zu erschüttern.

All dies ist eine fiktive Reportage – nicht Wirklichkeit. Noch nicht.

Kann sich die Katastrophe vom 18. April 1906, als die Weltstadt am Golden Gate von Erdbeben und Feuer zerstört wurde, wiederholen? Die meisten Bewohner von San Francisco reagieren auf diese Frage inzwischen mit einer gewissen Langeweile: Zu oft schon hat man sie gehört, als daß man sie ernst nehmen könnte; zu oft hat man in den Zeitungen und Büchern, im Fernsehen und im Radio von der angeblich bevorstehenden Neuauflage des Desasters gelesen und gehört, als daß man sich wirklich ernsthaft mit dem Gedanken auseinandersetzen könnte.

Ich erinnere mich an jenen jungen Architekten, einen deutschen Auswanderer, der in einem der viktorianischen Holzhäuser auf Telegraph Hill wohnt. Ich stellte ihm die Frage nach dem Erdbeben. Seine Antwort, schulterzuckend gegeben und die Frage als hypothetisch vom Tisch wischend, war typisch für viele Menschen in dieser Stadt: »Wenn's kommt, dann kommt es«, sagte er, »ich kann nicht ständig mit dem Gedanken an das Erdbeben herumlaufen.«

Die Chancen, daß der junge Mann *The Big One*, das große Beben, einigermaßen heil überstehen wird, stehen nicht schlecht – wenn er sich zum Zeitpunkt des Erdbebens in seiner Wohnung aufhält, dann wird er in dem Holzhaus vermutlich ordentlich durchgeschüttelt werden; alles wird aus den Regalen fliegen, und er sollte sich von schweren Möbelstücken, dem Gasherd und dem Kühlschrank fernhalten, denn die werden auf den wild schwankenden Dielen durch die Zimmer tanzen und ihn womöglich erschlagen. Am günstigsten wäre es, er würde sich unter das Bett oder unter den Eßtisch im Wohnzimmer verkriechen, wo ihn fallende Teller, Tassen, Bücher und splitterndes Fensterglas nicht verletzen können. Das Haus wird in allen Fugen ächzen und knirschen, wird sich vielleicht zur Seite neigen, und diese Wirkung wird seine schlimmsten Vorstellungen von einem Erdbeben wohl schon um ein Vielfaches übertreffen, aber es wird aller Voraussicht nach halten. Wenn der erste Erdstoß (dem höchstwahrscheinlich weitere, vielleicht ebenso schwere Nachbeben folgen werden) vorbei ist, dann sollte der junge Architekt allerdings schleunigst sein Haus verlassen und ins Freie laufen – in jener Gegend, in der er wohnt, ist er vermutlich mitten auf der Straße am besten aufgehoben: Dort gibt es keine Hochhäuser, deren herabsegelnde Fassadenteile ihn erschlagen könnten, und keine Backsteinbauten, die akut einsturzgefährdet wären. Er sollte, wenn er dazu nach diesen verwirrenden, furchteinflößenden Erfahrungen in der Lage ist, versuchen, einen klaren Kopf zu bewahren und vermeiden, sich eine Zigarette anzuzünden – denn sehr wahrscheinlich wird in diesem Augenblick das Gas aus der abgerissenen Zuleitung seines Gasherdes seine Wohnung mit einem hochexplosiven Sauerstoff-Gas-Gemisch füllen.

Der junge Mann sollte auch darauf vorbereitet sein, von nun an viel Blut zu sehen und Erste Hilfe leisten zu müssen: Von den vielleicht 500 Menschen, die in den Nachbarhäusern wohnen, werden vermutlich mindestens 100 Verletzungen davongetragen haben; fünf oder zehn der Verletzten werden sich in kritischem, praktisch hoffnungslosem Zustand befinden; und selbst wenn das Telefon funktionieren würde, wäre es eine Illusion, auf einen Notarzt, einen Krankenwagen, die Polizei oder die Feuerwehr zu hoffen. Das wird wohl in den ersten Minuten und Stunden nach dem Erdbeben für den jungen Mann und seine unverletzt davongekommenen Nachbarn die unerwartetste Erfahrung sein: daß sie auf sich selbst gestellt sind. Es wird nicht sein wie bei einem Verkehrsunfall, bei dem nach fünf, höchstens zehn Minuten der Krankenwagen am Unglücksort eintrifft und die Polizei dafür sorgt, daß alles seinen geordneten Gang geht. Es wird, anders als bei einem Zimmerbrand, auch keine Feuerwehrleute geben, die aus ihren Autos springen, die Schläuche ausrollen und die Situation routiniert meistern. Alles wird ganz anders sein. Es wird niemand da sein, der dem Architekten und seinen Nachbarn hilft.

Die Menschen in San Francisco geben sich der trügerischen Hoffnung hin, daß sich diese Katastrophe vielleicht gar nicht, zumindest nicht zu ihren Lebzeiten ereignen wird; sie machen sich außerdem völlig wirklichkeitsfremde Vorstellungen von den Chancen, ein Ereignis wie das große Beben heil zu überstehen. Mit einer erstaunlichen Sorglosigkeit verdrängen die Menschen in San Francisco den Gedanken an das drohende Desaster.

Die kollektive Selbsttäuschung steht in denkbar krassem Gegensatz zu den Prognosen der Fachleute: In seltener Einmütigkeit prophezeien die Experten der Westküste der Vereinigten Staaten eine Neuauflage in der Stärke des Bebens vom 18. April 1906. Niemand vermag mit einiger Sicherheit zu sagen, ob es wieder San Francisco trifft – oder diesmal womöglich Los Angeles; auch über das vermutliche Ausmaß einer solchen Erdbebenkatastrophe gehen die Meinungen auseinander; die meisten Fachleute neigen zu der beunruhigenden Annahme, daß ein Beben wie das von 1906 im heute weit dichter besiedelten, verwundbaren Kalifornien erheblich ernstere Folgen haben müßte als damals. Über eines jedoch gibt es keine Differenzen: darüber nämlich, daß dieses große Beben nicht etwa eine vage Vision, eine eventuelle Möglichkeit ist – sondern ein unausweichlich bevorstehendes Ereignis. *Wann* dieses Beben über Kalifornien hereinbricht, ist strittig – *daß* es kommen wird, ist unter Fachleuten überhaupt keine Frage. Stanley Scott, stellvertretender Direktor des Institut for Government Studies an der Universität Berkeley:

»Dieses unabwendbare Ereignis ist eine Frage von Monaten oder Jahren, vielleicht, wenn wir großes Glück haben, von Jahrzehnten – gewiß aber nicht von Jahrhunderten.«

Dr. Bruce Bolt, Professor für Seismologie an der Universität Berkeley und eine der weltweit führenden Kapazitäten seines Fachs:

»Unsere Zeit läuft ab ... Bisher haben wir uns gern mit der Annahme getröstet, das ›große Beben‹ werde sich ›innerhalb der nächsten zehn oder zwanzig Jahre‹ ereignen. Wir können dieses ›Fenster‹ nun nicht endlos in die Zukunft verschieben. Es gibt klare Anhaltspunkte dafür, daß die Wahrscheinlichkeit des ›großen Bebens‹ heute weit höher ist als noch vor 30 Jahren – oder vor 10 Jahren.«

Karl Steinbrugge, Vorsitzender der kalifornischen Kommission für Erdbebensicherheit:

»Bei planmäßiger Voraussicht muß man fraglos annehmen, daß in naher Zukunft ein schweres Erdbeben in Kalifornien stattfinden wird.«

William Whitson, Direktor der Earthquake Task Force des Gouverneurs des Staates Kalifornien:

»Wir gehen in all unseren Planungen von der begründeten Annahme aus, daß sich dieses ›große Beben‹ in der unmittelbaren Zukunft ereignen wird – nichts spricht dagegen, daß es jetzt gleich passiert.«

Und eine vom Nationalen Sicherheitsrat der Vereinigten Staaten eingesetzte Sonderkommission zur Untersuchung der Erdbebenrisiken in Kalifornien kam im Jahre 1980 nach eingehender Anhörung Hunderter von Experten und minuziösem Studium aller verfügbaren wissenschaftlichen Arbeiten zu dem nüchtern formulierten Ergebnis, daß

». . . unter Berücksichtigung aller Gegebenheiten die Wahrscheinlichkeit, daß sich in Kalifornien innerhalb der nächsten drei Jahrzehnte ein katastrophales Erdbeben ereignen wird, deutlich über 50 Prozent liegt . . .«

In ihrem knapp 60 Seiten umfassenden Arbeitsbericht versuchte diese Kommission, die Eventualitäten einer solchen Naturkatastrophe darzulegen und den staatlichen Notfallplanern in Washington und der kalifornischen Hauptstadt Sacramento Anhaltspunkte dafür zu liefern, wie man möglicherweise mit diesem Ereignis fertig werden könne. Der Report ist, wenngleich unter Mitwirkung aller namhaften Fachleute zustande gekommen, umstritten – wohl vor allem deshalb, weil seine Ergebnisse selbst die Vorstellungskraft notorischer Pessimisten übertraf: Für den Fall eines erneuten Erdbebens jener Stärke, wie es sich 1906 in Kalifornien ereignete, prognostizieren die

Experten, je nach der Tageszeit, zu der das Beben eintritt, bis zu 23 000 Tote, 91 000 Schwer- und 2,7 Millionen leichter Verletzte und Schäden in Höhe von insgesamt knapp 70 Milliarden Dollar. Eine Reihe von Fachleuten hält diese Hochrechnungen allerdings für eher zu tief gegriffen. Schon in dieser Höhe aber übersteigen sie bei weitem das praktische Vorstellungsvermögen – Katastrophen dieses Ausmaßes, so glaubt die Fernsehgeneration zu wissen, können sich in entlegenen Gegenden unseres Planeten ereignen: in China vielleicht, im Iran, in Südamerika. Aber in Kalifornien?

Der Erdbebenexperte Karl S. Steinbrugge:

»Zehntausende von Menschen werden innerhalb von zehn, zwanzig Sekunden ums Leben kommen. Das wird die größte Identitätskrise dieser amerikanischen Gesellschaft. Und sie wird kommen . . .«

Nein, das paßt nicht zu den in Kalifornien landläufigen Vorstellungen vom *Big One*, vom ›großen Beben‹. Die orientieren sich an den Ansichtskarten, die überall in San Francisco verkauft werden: diesen Reproduktionen vergilbter, etwas unscharfer Fotos – die der Kalifornier des Jahres 1984 eher für Dokumente aus der ›guten alten Zeit‹ hält, zu der ungeschickte Fotografen mit veraltetem Gerät hantierten. Das nährt unbewußt die Überzeugung, auch das Ereignis selbst, das da abgebildet ist, gehöre ein für allemal der Vergangenheit an: ein ›museales‹ Erdbeben; seine Wiederholung, wenn sie sich denn ereignen sollte, stellt man sich ungleich ›moderner‹ vor: wohl mit 280 PS starken Löschzügen statt der primitiven, von Pferden gezogenen Feuerspritzen damals; mit auf telefonischen Anruf herbeieilenden Rettungsdiensten; mit Highways, über die Rettungsmannschaften und Hilfsgüter in langen Kolonnen heranrollen; schlimmstenfalls gar, so malt man sich aus, könnten Transportflugzeuge der US Air Force weißberockte Doktoren einfliegen und Helikopter mobile Container-Kliniken absenken. Daß es, wie damals, an Wasser fehlen könnte – an Löschwasser und auch an Trinkwasser –, daß man am Abend des ersten Tages nach dem Beben Hunger haben würde, weil es den Supermarkt nicht mehr gibt oder weil er längst geplündert ist, daß man immobil sein könnte im automobilbesessenen und automobilabhängigen Kalifornien, weil es kein Benzin mehr gibt und keine Highways ... Nein, das sind Schreckensvisionen, mit denen man sich in und um San Francisco nicht gern abgibt.

Eigenartig genug: Der Gedanke an eine Wiederholung der Katastrophe von 1906 schreckt die meisten Kalifornier kein bißchen. Man traut sich durchaus zu, damit fertig zu werden.

In einer Bar in der Sutter Street hörte ich zum erstenmal von Deborah Rothmann. Ein Reporter des »San Francisco Examiner« erzählte mir ihre Geschichte. Es war eine jener zahllosen Anekdoten, die im Laufe der Jahre immer weitererzählt werden, von einem zum anderen, und die jeder, der sie hört, ein wenig ausführlicher weitergibt, so daß der Wahrheitsgehalt der Geschichte schließlich nicht mehr zu überprüfen ist. Aber das macht nichts. Selbst wenn es Deborah Rothmann gar nicht gibt – in San Francisco *könnte* es sie geben.

In San Francisco ist sie geboren. Das Erdbeben von 1906 hat sie miterlebt – damals war sie ein Kind von vielleicht 10 oder 11 Jahren. Später dann, nach dem Wiederaufbau der Stadt, gehörte ihr ein kleines Hotel hier an der Sutter Street. Aber das hat sie dann in den dreißiger Jahren verkauft und ist aufs Land gezogen. Dort wohnt sie nun in einem einfachen Holzhaus, das sie alle zwei Jahre mit einer feuerfesten Metallfarbe anstreichen läßt. Das Besondere an diesem Haus ist sein Fundament: Das Haus von Deborah Rothmann steht nämlich auf Schienen. Etwa zwanzig Meter läßt es sich hin- und herrollen. In jedem Zimmer stehen ein Sack voll Sand, eine Schaufel und ein großer Kessel voller Wasser – zum Schutz gegen das Feuer.

Deborah Rothmann ist fest davon überzeugt, daß der Allmächtige sie nur deshalb hat so alt werden lassen, damit sie auch das nächste Erdbeben noch miterlebe. Und also ist sie ständig damit beschäftigt, sich auf die Apokalypse angemessen vorzubereiten: in ihrer Handtasche trägt sie Jod, Brandbinden und eine Taschenlampe mit sich. Neuerdings hat sie auch eine Polaroidkamera dabei: Sollte das Erdbeben kommen, könnte sie alles fotografieren.

Deborah Rothmann ist wohl eine etwas wunderliche alte Dame; dennoch merkt sie, daß die Leute in den Bars über sie lachen, sie nicht für voll nehmen. Dem Barkeeper an der Sutter Street hat sie einmal anvertraut: »Weißt du, was das Schlimmste ist? Das Schlimmste ist: Sie haben keine Angst mehr. Das wird alles noch viel schrecklicher machen. Also muß man den Leuten angst machen, damit sie sich erinnern, wie es 1906 war. Sie lachen über mich – aber in Wirklichkeit mögen sie mich nicht, weil ich sie an die Katastrophe erinnere . . .«

San Francisco, 18. April 1906

Für Enrico Caruso begann der 18. April 1906, ein Mittwoch, mit einem Cognac in der Bar des Palace Hotel. Der Tenor hatte am Abend zuvor eine brillante Vorstellung als Don José in Verdis *Carmen* gegeben. Die 3000 Hörer in der San Francisco Opera hatten getobt vor Begeisterung, neun Vorhänge erklatscht, und der tosende Applaus hatte den Star offenkundig fürs erste wieder mit Amerika versöhnt und für allerlei Unbequemlichkeiten, die er während dieser Tournee auf sich zu nehmen hatte, entschädigt. Caruso hatte diese Gastspielreise nur wegen der Gage angenommen – sie hatte die unwiderstehliche Höhe von 1350 Dollar pro Abend; dennoch hatte der launenhafte Tenor schon während der Bahnfahrt von New York nach San Francisco mehrmals indigniert festgestellt, man befinde sich ja nun wohl auf der Reise in den ›Wilden Westen‹ und demonstrativ den in New York eigens erstandenen Revolver oben auf seine Wäsche in der Reisetasche gelegt.
Aber das Publikum von San Francisco, so räumte Enrico Caruso nun kurz nach Mitternacht beim Cognac ein, hatte sich als unerwartet zivilisiert und als der künstlerischen Leistungen des Neapolitaners würdig erwiesen. Zufrieden mit sich und der Welt legte sich Enrico Caruso gegen drei Uhr früh in seiner Suite Nummer 580 im Palace Hotel schlafen.
Etwa um die gleiche Zeit begab sich Dennis Sullivan, seit 26 Jahren Chef der städtischen Feuerwehr von San Francisco, in seiner Wohnung, die über der Feuerwache in der Bush Street lag, zu Bett. Sullivan hatte mit seinen Männern in dieser Nacht

bereits zweimal ausrücken müssen, aber die Brände waren im Handumdrehen gelöscht worden.

In dem Haus Nr. 2676 auf der Pacific Avenue liegt derweil der zwölfjährige Gerstele Mack in tiefstem Schlummer. In den Zeitungsredaktionen des »Examiner« und des »Chronicle« brennen, wie in jeder Nacht, die Lichter: Die Rezensenten sitzen an den Schreibmaschinen und bringen Lobeshymnen über das Caruso-Gastspiel vom Vorabend zu Papier. Der Schauspieler John Barrymore erholt sich in seinem Zimmer im St. Francis Hotel bei einer Flasche Champagner von seinem Bühnenauftritt am Abend zuvor. Der Polizeiwachtmeister Jesse Cook hat in dieser Nacht Streifendienst auf Telegraph Hill.

Um fünf Uhr zwölf Minuten und sechs Sekunden kommt das Erdbeben. Auf einer Länge von über 400 Kilometern, vom Meeresgrund vor Fort Bragg in Nordkalifornien bis San Juan Bautista im Süden, reißt der San-Andreas-Graben mit einem gewaltsamen Ruck auf. Jahrzehntelang haben sich hier die beiden großen Kontinentalplatten, die pazifische Scholle und die nordamerikanische, die gigantischen Flößen gleich auf dem zähflüssigen Erdmantel driften, ineinander verkeilt. Jetzt, in diesem Augenblick werden die gewaltigen, im gedehnten und gestauchten Gestein aufgestauten Energien freigesetzt, entladen sich in Bewegung: Wie die überdrehte Feder eines Uhrwerks klappt die Erdkruste auseinander. Mit einer Geschwindigkeit von 30 000 Stundenkilometern, rund acht Kilometern pro Sekunde, rasen die Druckwellen vom Bebenherd in alle Richtungen und versetzen die Erdkruste in wilde Vibrationen.

Der Polizist Jesse Cook auf Telegraph Hill erinnert sich später: »Es war, als ob Hunderte von Eisenbahnzügen tief unten in der Erde unter mir hinwegbrausten – ein gewaltiges, donnerartiges Rumpeln und Rollen.«

Während Jesse Cook noch starr vor Schreck diesem Tosen, das aus der Erde dringt, lauscht, fühlt er, wie unter seinen Stiefeln das Straßenpflaster ins Wanken gerät:

»Ich sah das Beben buchstäblich die Washington Street hinaufrollen – es war wie eine Woge, wie eine Woge aus dem Ozean . . .«

40 endlose Sekunden lang tanzt San Francisco auf der heftig schwingenden Erde wie ein Korken auf dem Wasser. Der zwölfjährige Gerstele Mack beschreibt diese Ewigkeit später so: »Diese ganze, unendlich lange Zeit über spürte man heftigste und unglaublich komplexe Bewegungen des Bodens: horizontal und vertikal, mal wellenartig, dann wieder rotierend. Die Wirkung war erstaunlich: Möbelstücke rutschten in alle möglichen Richtungen, wie von Geisterhand bewegt. Ich lag in meinem Bett, und dieses Bett, das mit dem Kopfende zur Wand stand, tanzte mit wilden, rüttelnden Sätzen in die Mitte des Schlafzimmers und drehte sich dort um 90 Grad gegen den Uhrzeigersinn.«

Das Dröhnen aus dem Innern der wildgewordenen Erde mischt sich mit dem Klirren splitternden Glases, dem Krachen einstürzender Ziegelwände und Kamine, dem Ächzen und Knirschen der Holzhäuser und dem Läuten der Glocken in den schwankenden Kirchtürmen der Stadt.

Zehn Sekunden lang verharrt die Erde nach diesem Stoß in trügerischer Ruhe, dann folgt der zweite, furchtbarer noch als der erste. Wieder wird die Stadt gebeutelt, diesmal 25 Sekunden lang. Die vielleicht originellste Beschreibung dieser Sekunden stammt von einem namentlich nicht bekannten Zeugen:

»Ich fühlte mich wie eine Ratte, die von einem Terrier geschüttelt wird.«

Enrico Caruso wird nach dem Beben von herbeieilenden, um das Schicksal des Tenors besorgten Ensemblemitgliedern schluchzend auf dem Fußboden seiner völlig verwüsteten Suite gefunden: Aufgesprungene Schubladen liegen im Zimmer verstreut, die Schränke und Regale haben sich ihres Inhaltes entledigt, die Bilder sind von den Wänden gefallen. In der rechten Hand hält der vor Schreck erstarrte Sänger ein gerahmtes Porträt des 26. Präsidenten der Vereinigten Staaten. Es trägt die handschriftliche Widmung »Für Enrico Caruso. Theodore Roosevelt«.

Wie John Barrymore die Sekunden des Erdbebens erlebte, ist nicht überliefert: Der Schauspieler hatte den Champagner, den ihm der Zimmerkellner kurz nach Mitternacht gebracht hatte, offenbar nicht allein getrunken – das jedenfalls war seiner verwirrten Aussage »Ich weiß nicht mal ihren Namen!« zu entnehmen – der einzigen Äußerung, die dem verstörten Barrymore nach dem Beben zu entlocken war.

Feuerwehrchef Dennis Sullivan und seine Frau wurden im Augenblick des Bebens in ihrem Ehebett von einem Ziegelregen begraben, der vom zusammenstürzenden Kamin des benachbarten California Hotels stammte und das Dach der Feuerwache durchschlug. Dennis Sullivan war sofort bewußtlos. Drei Tage später wird er seinen schweren Kopf- und Brustverletzungen erliegen, ohne jemals das Bewußtsein wiedererlangt zu haben.

Aus den Seismogrammen des Erdbebenobservatoriums der Universität von Berkeley am anderen Ufer der Bucht rekonstruierten die Geologen später, daß es sich um ein Beben der Magnitude 8,3 auf der (erst 1935 eingeführten) Richter-Skala gehandelt hatte. Auf der zwölfteiligen Mercalli-Skala, mit der die Auswirkungen eines Bebens an der Erdoberfläche, seine Intensität gemessen wird, erreichte das Beben vom Morgen des 18. April 1906 den zweithöchsten Wert: Stufe XI.

Obwohl es ein an internationalen Maßstäben gemessen gewaltiges, für Kalifornien ein ›Jahrhundertbeben‹ war, hatte die Stadt diese beiden ersten Erdstöße und ein um 5 Uhr 26 folgendes Nachbeben relativ gut überstanden: Sowohl die viktorianischen Holzhäuser in den Außenbezirken wie auch die neuen Hochhäuser im Stadtzentrum waren mit kleineren Schäden davongekommen – den leichten Holzkonstruktionen und den flexiblen Stahlgerippen der Hochhäuser hatte das Beben nicht viel anhaben können. Verheerende Zerstörungen hatten die Erdstöße dagegen an den meisten Backsteinbauten angerichtet, die sich auf dem wild schwingenden Untergrund buchstäblich in ihre Bestandteile aufgelöst und in Steinhaufen verwandelt hatten. In diesen Ziegelbauten gab es denn auch die meisten der 498 Todesopfer, die das Beben in San Francisco selbst forderte – nicht viele, gemessen an der Stärke des Bebens. Auch die Gebäudeschäden waren für ein Beben dieser Intensität eher gering. Und so gaben sich die Menschen von San Francisco in den ersten Minuten nach dem Beben der beruhigenden Überzeugung hin, ihre Stadt habe dieses furchterregende Naturereignis zwar mit einigen Schrammen, aber im Grunde doch ziemlich glimpflich überstanden.

Doch die eigentliche Katastrophe stand noch bevor. Sie kündigte sich zehn, 15 Minuten nach dem Erdbeben mit einem halben Dutzend dünner Rauchsäulen an, die an verschiedenen Punkten der Stadt in den Himmel stiegen. Eine Stunde nach dem Beben brannte San Francisco bereits an 50 Stellen. Die meisten dieser Feuer begannen als scheinbar harmlose Stubenbrände: Vom Erdbeben beschädigte Stromleitungen lösten Kurzschlüsse aus; Gas, das aus geborstenen Leitungen in die Häuser strömte, entzündete sich; leichtfertig nahmen viele Bewohner der Stadt ihre Herde und Öfen wieder in Betrieb, auch wenn die Kamine eingestürzt waren – der Funkenflug setzte die Holzdächer in Brand.

Mit zwei, drei solchen Bränden hätte San Franciscos anerkannt gut trainierte Feuerwehr unter normalen Umständen ohne große Schwierigkeiten fertig werden können. Aber nicht mit ein, zwei Dutzend solcher Brände. Und nicht in einer Stadt, deren Straßen mit herabstürzenden Balkonen und Fassadenteilen übersät waren. Und schließlich nicht in einer Stadt, der das für eine Feuerwehr Wichtigste fehlte: Löschwasser . . .

Eine Schreckensvision des im Sterben liegenden Feuerwehrchefs Dennis Sullivan war Wirklichkeit geworden: San Franciscos Wasserleitungsnetz war zerstört. Das Erdbeben hatte die schweren Eisenrohre an vielen hundert Stellen zerschmettert, das Wasser war in hohen Fontänen in die Luft geschossen oder, so lange es aus den sich immer weiter entleerenden Reservoirs noch nachströmte, im Boden versickert. Als jetzt die Feuerwehrleute ihre Schläuche an die Hydranten anschlossen, mußten sie mit Entsetzen feststellen, daß aus den Ventilen das Wasser nur noch tropfenweise floß. Jenes Netz von Pumpstationen und Reservoirs, um das Dennis Sullivan seit Jahren gekämpft hatte und das ihm die Stadtväter wegen der hohen Kosten stets verweigert hatten, wäre jetzt die einzige Rettung gewesen: Man hätte, wie von Dennis Sullivan geplant, Meerwasser aus der Bucht in die Notfall-Reservoirs auf den Hügeln in der Stadt und in die noch intakten Abschnitte des Leitungsnetzes pumpen und so wenigstens einen Teil der Hydranten wieder funktionsfähig machen können. So aber war San Franciscos Feuerwehr an diesem Morgen des 18. April 1906 von Anfang an ohne jede Chance gegen das Feuer.

Die Zerstörung San Franciscos nahm ihren Anfang im Stadtviertel südlich der Market Street, wo sich etwa eine Stunde nach dem Erdbeben einige anfangs kleine, vereinzelte Brände, angefacht vom auffrischenden Westwind, zu einem Feuersturm ausgeweitet hatten, der den Häuserblock zwischen der Dritten und Vierten Straße binnen kurzer Zeit einäscherte und sich unaufhaltsam vorwärts fraß.

Im Morgengrauen hatte sich ein zweiter bedrohlicher Brandherd unten an den Docks beim Embarcadero gebildet. In den hölzernen Lagerhallen und in den umliegenden, meist mit gleichfalls aus Holz errichteten, billigen Hotels und Vergnügungslokalen bebauten Straßen des Hafenviertels fand das Feuer reichlich Nahrung. Mittlerweile hatte sich die Hoffnung, die breite Market Street sei womöglich eine wirksame Brandschneise und werde das Feuer an der Dritten und Vierten Straße daran hindern, sich in Richtung Stadtzentrum auszubreiten, als trügerisch erwiesen: Gegen zehn Uhr vormittags, nachdem die Flammen längst auch San Franciscos Opernhaus zerstört hatten, auf dessen Bühne Enrico Caruso erst zwölf Stunden zuvor seinen Triumph feierte, überrollte das Feuer die Market Street und begann, die nördlich gelegenen Häuserblocks einen nach dem anderen in ein tosendes Inferno zu verwandeln.

Um zwölf Uhr mittags, etwa sieben Stunden nach dem Erdbeben, sind bereits knapp drei Quadratkilometer des Stadtgebietes ausgebrannt. Zu diesem Zeitpunkt geben die Menschen von San Francisco alle Hoffnung auf, den Flammen Einhalt zu gebieten. Vom Russian Hill, wohin sich Tausende geflüchtet haben, starren die Menschen ungläubig auf die Wand aus fauchenden Feuerzungen, über denen sich die dichten Rauchwolken viele hundert Meter hoch in den Himmel türmen.

34

Ein endloser Flüchtlingstreck bewegt sich hinunter zu den Docks, von wo die Obdachlosen auf Fährbooten nach Oakland, Sausalito und Tiburon übersetzen. Unter den Flüchtlingen ist auch Enrico Caruso: Er verläßt die Stadt mitsamt seinem auf drei Pferdefuhrwerken verstauten Reisegepäck, darunter 40 Paar Schuhe und 50 gerahmte Porträts des Sängers, und verspricht, nie zurückzukommen.

Um acht Uhr früh hatte Brigadegeneral Frederick Funston, Kommandant des Armeestützpunktes am Golden Gate, 1700 Soldaten in die Stadt abkommandiert. San Franciscos Bürgermeister Eugene E. Schmitz erteilte ihnen Vollmacht, auf Plünderer sofort gezielt zu schießen – eine juristisch fragwürdige, womöglich verfassungswidrige ›Proklamation‹, die aber dazu beiträgt, den Exodus der zigtausende in ihren vom Feuer bedrohten Stadtvierteln in sichere Gegenden wie den Golden Gate Park einigermaßen geordnet ablaufen zu lassen.

Jack London, damals Reporter des Wochenblatts »Collier's Magazine«, berichtet: »Um neun Uhr am Mittwochabend ging ich ins Stadtzentrum. Ich lief Meile für Meile die Straßen entlang, vorbei an wundervollen Gebäuden und gewaltigen Wolkenkratzern. Es gab kein Feuer. Polizisten patrouillierten auf den Straßen, vor jedem Gebäude stand ein Wachmann. Und doch war das alles dem Untergang geweiht – alles. Es gab kein Wasser. Und von zwei Seiten rollte der Feuersturm auf das Stadtzentrum zu. Gegen ein Uhr in der Nacht ging ich erneut ins Zentrum. Alle Gebäude standen noch so da wie am Abend. Aber es gab eine Veränderung: ein feiner Ascheregen fiel; die Wachmänner waren verschwunden; die Polizisten waren abgezogen. Da waren keine Feuerwehrleute, keine Feuerspritzen. Das ganze Stadtviertel war völlig verlassen. Ich stand an der Ecke Market und Kearny Street – die Straßen waren menschenleer. Fünf oder sechs Querstraßen weiter unten brannte es beiderseits der Straße – die Straße war dort unten eine regelrechte Feuerwand. Und gegen diese Feuerwand sah ich dunkel die Silhouette zweier Kavalleriesoldaten: sie saßen reglos auf ihren Pferden und sahen dem Feuer zu. Das war alles. Kein Mensch sonst war zu sehen. Im noch intakten Herz der Stadt

saßen zwei Soldaten auf ihren Pferden und sahen dem Feuer
zu . . .
Die Kapitulation war total.«
Dreieinhalb Tage lang brennt San Francisco. Dann, am Nachmittag des 21. April, ist das Feuer am Ende. Es findet keine
Nahrung mehr. San Francisco ist ein ausgeglühtes, schwelendes
Ruinenfeld. Mehr als zehn Quadratkilometer des Stadtgebietes
liegen in Schutt und Asche. Fast 30 000 Gebäude sind zerstört,
250 000 Menschen obdachlos. Experten schätzen den Sachschaden auf eine halbe Milliarde Dollar. Jack London schreibt: »San
Francisco hat aufgehört zu existieren.« Das ist eine angesichts
der verbrannten Erde zwar naheliegende, aber, wie sich schon
bald zeigt, voreilige Feststellung: Am Samstagnachmittag war
das Feuer erloschen, am Montag darauf sind bereits 300 städti-
sche Arbeiter mit der Reparatur des arg mitgenommenen Was-
serleitungs- und Kanalisationsnetzes beschäftigt. Restaurantbe-
sitzer stellen Tische vor den ausgebrannten Gaststuben auf der
Straße auf. Souvenirhändler bieten rußgeschwärzte Ziegel be-
rühmter Gebäude feil – und finden zahlungskräftige Käufer.
Gute Geschäfte wittert trotz des noch über der Stadt liegenden
Brandgeruchs auch Amadeo Peter Giannini. Der italienische
Einwanderer hatte sich in San Francisco zunächst mit dem
Vertrieb von Südfrüchten mehr schlecht als recht über Wasser
gehalten, mit der Einführung der bis dahin in der Stadt unbekannten Pampelmuse hatte er dann sogar recht einträgliche
Geschäfte gemacht und war 1904 ins Bankfach übergewechselt
– seine ›Bank of Italy‹ gab zunächst vor allem Kredite für
Kleinunternehmer. Das brachte Giannini, dem ›Gemüsehänd-
ler‹, bei den alteingesessenen Bankiers, die das Geschäft mit
Kleinkrediten für würdelos hielten, verächtliche Kommentare
ein, aber auch viel Geld in die Kassen. Jetzt, während die
›feinen‹ Bankiers indigniert ihre rußgeschwärzten, marmorver-
kleideten Schalterhallen inspizieren und beschließen, fürs erste
die Geldgeschäfte ruhen zu lassen, geht Giannini wieder an die
Arbeit: Seine Angestellten schickt er in die Viertel der italienischen Einwanderer – sie sammeln jenes Geld ein, das die
Italiener traditionell im Küchenschrank oder unter der Matratze

versteckt haben. Giannini verspricht seinen Anlegern gute Verzinsung, und so kommen rasch einige Hunderttausend Dollar zusammen. Auf der Van Ness Avenue stellt der Bankier zwei leere Weinfässer auf, legt darüber ein großes Holzbrett, hängt ein Schild ›Bank of Italy‹ über den provisorischen Schalter und gibt Kleinkredite aus. Inmitten der rauchenden Ruinen von San Francisco legt Amadeo Peter Giannini, der seine Geldgeschäfte mit dem sicheren Instinkt eines Obsthändlers betreibt, das Fundament für ein Milliardenvermögen.

Schon kurze Zeit später gehen die Geschäfte der ›Bank of Italy‹ so gut, daß Giannini sich zu einer Namensänderung entschließt: Er nennt sein Unternehmen von nun an stolz ›Bank of America‹. Wieder schütteln San Franciscos noble Bankiers die Köpfe angesichts solcher Überheblichkeit des italienischen Einwanderers. Heute ist die ›Bank of America‹ die größte Bank der Welt.

Der geschäftliche Aufstieg des Amadeo Giannini aus Trümmern und Asche war typisch für die Wiedergeburt der untergegangenen Stadt am Golden Gate. Am 23. April, fünf Tage nach dem Beben, begannen die Bauarbeiten für den neuesten Wolkenkratzer in San Francisco: den 18 Stockwerke hohen Verwaltungsbau der Humboldt-Bank. Veranschlagte Bauzeit: 15 Monate. Innerhalb weniger Tage flossen Hilfsgelder in Höhe von acht Millionen Dollar aus allen Teilen der USA nach San Francisco. Die sechseinhalb Milliarden Ziegelsteine und den restlichen Schutt von den Straßen San Franciscos zu räumen, das war, so rechnen Fachleute vor, mehr Arbeit als der Bau des Panamakanals erforderte. Innerhalb von drei Jahren waren 20 000 der nahezu 30 000 vom Feuer zerstörten Gebäude wiederaufgebaut – größer, stärker und moderner als zuvor. 1915, neun Jahre nach Erdbeben und Feuer, präsentiert sich ein glitzerndes, kosmopolitisches San Francisco der Welt zur ›Panama-Pacific International Exposition‹ – die Katastrophe vom April 1906 ist nur noch auf Ansichtskarten ein Thema – eine Touristenattraktion.

Kleine Narben sind geblieben: die Risse im Terazzo-Fußboden des Hauptpostamtes; versetzte Fugen in einigen Ziegelwänden;

und der Leuchtturm von Southampton Shoals, unter dessen Fundamenten das Erdbeben am 18. April hinwegdonnerte, steht seit jenem Morgen um 11 Grad geneigt.

Aber all dies sind keine Mahnmale – eher schon liebevoll gepflegte Antiquitäten. Am 18. April eines jeden Jahres veröffentlichen die Zeitungen in San Francisco einen Leitartikel über das Erdbeben vom Jahre 1906. Man gratuliert sich, daß man überlebt hat, daß die Stadt überlebt hat. Einige noch lebende Augenzeugen der Katastrophe vom 18. April 1906 treffen sich am Jahrestag um 5 Uhr in der Frühe, da knallen dann Champagnerkorken, und die Herrschaften – sie sind alle mittlerweile in den Neunzigern oder knapp darunter – tauschen Erinnerungen und tausendfach erzählte, immer weiter ausgeschmückte Anekdoten aus. Ein Verein zur gegenseitigen Bewunderung.

Und was, wenn sich das Erdbeben vom 18. April 1906 wiederholen sollte? Die meisten Menschen in San Francisco halten dies für eine hypothetische Frage.

Würden sie die Tatsachen zur Kenntnis nehmen, dann müßten sie zu dem höchst beunruhigenden Ergebnis kommen, daß nicht allein San Francisco, sondern auch anderen Städten in Kalifornien, wie zum Beispiel dem 500 Kilometer südlich gelegenen Los Angeles, ein neues schweres Erdbeben bevorsteht. Würden sie den Geologen aufmerksam zuhören, dann wüßten sie, daß es sich dabei nicht um ein Ereignis handelt, das ›möglicherweise‹ oder ›wahrscheinlich‹ eintreten wird, sondern um eines, das unausweichlich ist. Das nächste große Beben, *The Big One*, ist tief unten in der kalifornischen Erdkruste längst programmiert. Dort, an der Bruchstelle zwischen den beiden wie gewaltige Eisschollen auf einem Fluß aneinander vorbeischrammenden Kontinentalplatten, stauen sich wieder ungeheure Energien auf, die sich, wie 1906, in einem einzigen plötzlichen Ruck entladen müssen. Wann es soweit sein wird weiß niemand. Aber sicher ist: Der Countdown läuft bereits.

Das größte Loch der Welt

Die zweimotorige Cessna der Secenic Airlines rollt über das Vorfeld des Las Vegas McCarren Airport zum Start. Bob, der Pilot, vergewissert sich noch einmal mit einem Blick über die Schulter, ob die vier Passagiere hinter ihm die Sicherheitsgurte festgezurrt haben. »Es wird etwas bumpy«, sagt er, etwas ›wacklig‹. Startfreigabe – und nach wenigen hundert Metern ist die Cessna in der Luft. Unter uns die endlose Reihe der Hotelpaläste, Schnellrestaurants und Casinos. Der Flug geht nach Osten, über den Hoover-Stausee zur Grenze nach Arizona. Und dann taucht es im Dunst vor uns auf, dieses einzigartige Weltwunder: der Grand Canyon.
Bob fliegt die Cessna jetzt nur noch knapp 900 Fuß über Grund, geht dann auf 600 herunter, auf 400 – und läßt die Maschine schließlich in das größte Loch fallen, das es auf dieser Erde gibt. Wie im Fahrstuhl, nein viel rapider noch geht es nach unten. Felswände rechts und links – die ›Erdoberfläche‹, das Plateau liegt fünfzig, hundert, zweihundert Meter über uns. Sturzflug ins Innere der Erde – wir halten die Luft an. 300 Meter über dem Grund der Schlucht zieht Bob den Steuerknüppel zu sich heran, fängt die Maschine ab und gibt Gas. Vor uns, vielleicht einen Kilometer entfernt, türmt sich eine vierhundert Meter hohe Felswand auf. Bob fliegt unbeirrt darauf zu, kippt die linke Tragfläche ab, dann die rechte, um seinen Passagieren einen Blick auf das zu bieten, was unter uns liegt: tief eingeschnitten in den roten Fels wälzt sich die braune Flut des Colorado nach Westen. Uns allerdings interessiert mehr der

Blick nach vorn, auf die Felswand. Den Piloten scheint sie nicht im geringsten zu irritieren – ein Wahnsinniger? Mir schießt durch den Kopf, daß es ja auch eine Busverbindung von Las Vegas zum Canyon gibt, über den sicheren Highway, vollklimatisiert im glitzernden Greyhound und mit nicht mehr als 55 Meilen pro Stunde. Und ich erinnere mich an ein Foto aus dem »National Geographic«: Leute gibt es, die befahren dieses Wildwasser da unten mit großen gelben Schlauchbooten – Abenteuerurlaub. 14 000 Leute machen die Wildwasserfahrt jedes Jahr, aber mir sah das doch sehr gewagt aus. Jetzt denke ich: vermutlich ein harmloses Vergnügen, verglichen mit diesem halsbrecherischen Flug. Da geht Bob abrupt in eine steil aufsteigende Linkskurve, umrundet knapp einen einsam aufragenden Felskamin, und dann öffnet sich plötzlich vor uns die Felswand – ein Ausweg aus dieser Riesenschlucht: der Canyon macht einen Knick um 90 Grad. Ein Irrgarten aus Fels: steil aufragende Wände, Kegel, Vorsprünge, Seitentäler. Das einzig Regelmäßige ist die oberste Linie des Plateaus, wie mit dem Lineal gezogen, auf dessen Höhe Bob die Maschine jetzt hinaufzieht. Dicht schießen wir über den Rand des Canyon, und vor uns liegt die endlose, mit dichten Kiefernwäldern bewachsene Hochebene. Aber nur für Minuten: dann geht es im Sturzflug wieder hinunter in die Schlucht, wieder folgen wir den Serpentinen des Colorado, und mehr als einmal geraten, so scheint es wenigstens den Passagieren, die Tragflächenspitzen der Cessna bedrohlich nahe an die Felswände.

Eine knappe Viertelstunde später setzt Bob die Maschine mit einem leichten Bums auf die Asphaltpiste des kleinen Flugplatzes von Grand Canyon. »Ich hoffe, ihr habt euch alles gut angesehen«, sagt er, »den Rückflug machen wir normal – Luftlinie nach Vegas.« Einige Passagiere erleichtert diese Ankündigung sichtlich.

Von Grand Canyon, jenem kleinen Dorf, wo sich das Hauptquartier des ›Grand Canyon National Park Service‹, einige Motels und Andenkenläden befinden, ist es kaum zehn Minuten hinüber zum ›Grand View Point‹. Der Platz am Südrand des Canyon macht seinem Namen alle Ehre. 16 Meilen, fast 26

Kilometer ist die Schlucht an dieser Stelle breit. Tausend Meter unter dem Plateau wälzt sich der von hier oben als Rinnsal erscheinende Colorado durch den Fels. »Die Szenerie ist so unheimlich und so einsam und in ihrer Neuartigkeit so unfaß-bar, daß man das Gefühl hat, niemand könne sie je zuvor erblickt haben!« Diese Worte von Frederick Dellenbaugh ge-ben treffend jene am ehesten als Verwirrung zu bezeichnenden Gefühle wieder, die sich beim Anblick des Canyon einstellen. Er verschlägt den Menschen die Sprache. Zu Tausenden, an manchen Tagen auch zu Zehntausenden, insgesamt 3 Millionen pro Jahr, stehen sie auf der kleinen Aussichtsplattform, gehen zögernd einige Schritte auf das Stahlgeländer zu. Du hältst den Atem an, horchst hinunter in dieses gewaltige, unheimliche Loch, aus dem kein Laut heraufdringt und das dich doch anbrüllt. Dein Gefühl für die Schwerkraft scheint aufgehoben, der bloße Anblick läßt dich schwindeln. Du versuchst, das Bild vor deinen Augen mit irgend etwas Vertrautem zu vergleichen, in Relation zu setzen, einzuordnen. Aber Tiefe und Distanz, die Dimensionen scheinen grenzenlos, nicht greifbar. Du siehst diese Schlucht nicht – du ahnst sie. Am Aussichtspunkt auf dem South Rim liegt ein Gästebuch aus. Im Jahre 1892 schrieb jemand hinein: »Ich fiel in Ohnmacht, als ich diesen fürchter-lichen Canyon sah.«

Ein Franziskanermönch war es, der 1776, im Jahr, als Thomas Jefferson die amerikanische Unabhängigkeitserklärung verlas, an diese Schlucht kam und dem Fluß da unten einen Namen gab; *Colorado* nannte ihn der Spanier – *Der Rotgefärbte*. An einigen Stellen bis zu 90 Meter breit und fast 70 Meter tief, schwemmt der Strom täglich 40 000 Tonnen Schlamm und Geröll mit sich, gräbt sich immer tiefer in die Erdkruste ein. Früher, als der Colorado noch ungebremst in den Pazifik strömte, als es noch keine Staudämme gab und keine Auffang-becken, waren es wohl zehnmal soviel – 380 000 Tonnen pro Tag. Im Jahre 1927, während einer Hochwasserperiode, be-wegte der Fluß sogar über 27 Millionen Tonnen an einem einzigen Tag!

Seine steil aufragenden Ufer, die gewaltigste Schlucht dieser

Erde, ist ein geologisches Freilichtmuseum – Anschauungs-material für zwei Milliarden Jahre Erdgeschichte. Vor vielen Millionen Jahren begann jener im Zeitlupentempo ablaufende Prozeß: die Erdkruste im Gebiet des heutigen Canyon wölbte sich, unendlich langsam, aber unaufhaltsam. Der Colorado und seine Nebenflüsse, deren Wasser nach Südwesten hinunter zum Pazifik strömten, begannen sich in das langsam steigende Pla-teau immer tiefer einzugraben. Jene gewaltige Schlucht, die sich heute 350 Kilometer lang durch das Plateau zieht, ist das Ergebnis der Erosion – fließendes Wasser, das der Schwerkraft gehorcht, hat sich seinen Weg gesucht und sich, an der tiefsten Stelle des Canyon, anderthalb Kilometer tief in die Erdkruste eingegraben. Hier, am Granite Gorge, wo der rötlichbraune Colorado 1500 Meter unter der Hochebene nach Westen fließt, liegt die Hälfte der Geschichte unseres Planeten frei: der schwarze Vishnu-Schiefer am Grund der Schlucht ist zwei Milliarden Jahre alt und gehört damit zum ältesten Gestein überhaupt, das auf der Erde zu besichtigen ist – er stammt aus einer Zeit, da es auf unserer Erde nur Leben in der allerprimi-tivsten Form gab, als die Kontinente, wie wir sie heute kennen, noch nicht existierten und die Atmosphäre unseres Planeten erst kleinste Spuren von Sauerstoff aufwies.

Unten, auf dem Grund der Schlucht, herrscht heute subtropi-sches Klima, da wachsen Kakteen und andere Wüstenpflanzen. Das Plateau liegt drei Klimazonen höher: hier schneit es im Winter in den Kiefernwäldern. Vögel, so sagt man, überqueren ihn nicht, diesen Canyon – die Tiefe ängstigt sie. 30 Kilometer ist er breit – doch wer ihn, hinab an der einen Seite, hinauf an der anderen, durchqueren will, hat, wo das überhaupt möglich ist, einen Weg von mehr als 300 Kilometern vor sich. Wer einen Abstieg durch die zerklüfteten Felswände findet, der gerät spätestens unten in der Schlucht am Flußbett des reißenden Colorado in Verlegenheit. Unterhalb des Ortes Grand Canyon gibt es seit dem Jahre 1928 eine stählerne Hängebrücke über den Strom, gerade breit genug, um schwankend ein Maultier zu tragen. 1889 plante man eine Eisenbahnlinie, die dem Lauf des Canyon folgen sollte; 1961 schlug die Western Gold & Uranium

Co. ein Luxushotel am South Rim vor: 18 Stockwerke tief in die Felswand eingelassen, 600 Zimmer, und jedes mit Blick in die Schlucht ... Und 1974 plante ein Konzern aus Phoenix/Arizona gar eine Seilbahn vom Südrand des Canyon hinüber zum Nordrand ... Glücklicherweise ist aus diesen monströsen Projekten nichts geworden: im Jahre 1906 wurde der Canyon zum Naturschutzgebiet erklärt, zwei Jahre später zum ›National-Monument‹. Präsident Theodore Roosevelt, ein glühender Bewunderer dieser Riesenschlucht, sagt: »Laßt den Canyon wie er ist ... ihr könnt ihn nicht verbessern ... die Zeit hat ihn geschaffen, der Mensch kann ihn nur zerstören.«

Über dem zwei Milliarden Jahre alten Schiefergestein am Grund des Canyon liegen, aufgeschichtet und an den Felswänden wie die Jahresringe eines Baumstumpfes zu besichtigen, Granit, Sandstein, wieder Schiefer, Kalkstein, noch einmal Sandstein, erneut Schiefer und schließlich wieder Sand- und Kalkstein, die jüngste Schicht, oben auf dem Plateau, immerhin noch rund 200 Millionen Jahre alt – dieser Canyon ist eine geologische Zeittafel.

Der Grand Canyon gibt uns ein sehr anschauliches Bild davon, in welchen Größenordnungen wir denken müssen, wenn wir uns mit geologischen Vorgängen beschäftigen. Auf die Frage, wie lange der Erosionsprozeß am Grand Canyon bereits andauert, können wir eine ziemlich präzise Antwort geben. Relativ einfach nämlich läßt sich feststellen, wie viele Kubikmeter Wasser im Jahresdurchschnitt den Canyon durchfließen und wieviel gelöstes Gestein jeder Kubikmeter dieser rotbraunen Flut zum Pazifik hinunterträgt: der Colorado transportiert heute Tag für Tag eine gewaltige Menge Sand und Geröll – an Tagen mit normalem Wasserstand genug, um 1500 Kieslastzüge zu füllen, bei extremem Hochwasser aber auch zehnmal mehr. Früher, als es den Hoover-Staudamm noch nicht gab und der Colorado wesentlich schneller floß, war es noch erheblich mehr. Im langjährigen Mittel, so hat man ausgerechnet, transportierte der Fluß jährlich 183 Millionen Tonnen Gestein; in einem Jahrhundert nahezu zwei Milliarden Tonnen, in einem Jahrtausend zwanzig Milliarden Tonnen ... und so weiter.

Nun läßt sich dieser Grand Canyon annähernd genau vermessen. Und wer sein Volumen bestimmt – genauer gesagt: das Volumen des allmählich fortgeschwemmten Gesteins, der kann damit die Frage beantworten, wie lange es gedauert hat, diesen gewaltigen Graben in die Hochebene zu schneiden: etwa 10 Millionen Jahre.

Wer auf der Aussichtsplattform am Grand View Point steht, vor dieser zerklüfteten Urlandschaft, durch die sich tief unten, einem Rinnsal gleich, der Colorado schlängelt, der bekommt einen Begriff davon, daß sich erdgeschichtliche Dimensionen nicht mit den uns geläufigen Maßstäben erfassen lassen. Jene zehn Millionen Jahre Erosion, die im Grand Canyon so eindrucksvoll zu besichtigen sind, illustrieren nur einen winzig kleinen, den allerjüngsten Abschnitt der Geschichte unseres Planeten.

Geburt aus der Gaswolke

Nach neuesten Schätzungen ist unsere Erde etwa 4,6, vielleicht auch 5 Milliarden Jahre alt. Die Wissenschaft hat bisher nur eine ungefähre Vorstellung davon, wie diese Erde in ihrem Frühstadium ausgesehen, wie sie sich in den ersten Jahrmilliarden ihrer Existenz entwickelt hat. Sicher ist: sie war ein Himmelskörper, der zunächst mit jener Erde, die uns vertraut ist, so gut wie nichts gemein hatte.

Entstanden ist sie wohl aus jener kosmischen Gaswolke, die das Urmaterial unseres Sonnensystems bildete: ein dunkler, wirbelnder Nebel aus Wasserstoff und Helium. Der deutsche Physiker Carl Friedrich von Weizsäcker hat Ende der dreißiger Jahre jenes Denkmodell von der Entstehung unseres Sonnensystems entworfen, das heute von den meisten Wissenschaftlern anerkannt wird:

Wie ein gewaltiger Strudel muß sich diese Gaswolke im Laufe der Jahrmillionen immer schneller verdichtet haben, bis sich etwa 90 Prozent der Gesamtmasse dieses Gasgemischs zu einem verhältnismäßig dichten Körper, der ›Ursonne‹ zusammengeballt hatten. Die restlichen 10 Prozent der Gaswolke bildeten zunächst die ›Sonnenatmosphäre‹, in der sich, so Weizsäckers Theorie, eine Reihe von kleineren Wirbeln oder Strudeln bildete – aus ihnen entstanden unter dem Einfluß der Schwerkraft die Planeten unseres Sonnensystems.

Je nach ihrer Größe und ihrer Entfernung von der Sonne nahmen diese Planeten eine höchst unterschiedliche Entwicklung – und doch wurden sie alle, wie unsere Erde, aus demselben Stoff geboren: jener Wasserstoff-Helium-Wolke, angereichert mit vergleichsweise winzigen Spuren schwerer Elemente wie Sauerstoff, Eisen, Silizium und Nickel.

Nichts in diesem Sonnensystem, weder das Zentralgestirn noch die es umkreisenden Planeten, befindet sich in einem endgültigen, dauerhaften Zustand. Das heutige Bild unseres Sonnensystems ist, wie auch das unserer Milchstraße genannten Galaxis, in der es rund 200 Milliarden weiterer Sonnen geben dürfte, nur eine Momentaufnahme.

Die ›junge‹ Erde war vor viereinhalb Milliarden Jahren, als sich ihr Wasserstoffnebel immer weiter verdichtete, zunächst einmal von den Dimensionen her ›unserer‹ Erde nicht vergleichbar; sie muß etwa das Volumen des heutigen Saturn gehabt haben, also rund das Zehnfache ihrer jetzigen Größe. Und: sie war ein Himmelskörper ohne feste Oberfläche – einen Kern aus unter zunehmender Kontraktion geschmolzener Materie umgab zunächst eine von der Ausdehnung her gewaltige Atmosphäre kosmischer Gase. Im Laufe von etwa 100 Millionen Jahren verdichteten sich die schwereren Bestandteile dieser rotierenden Urerde immer mehr zu deren Mittelpunkt hin – umgekehrt wanderten die leichteren Elemente in die äußeren Zonen dieses Balls.

Damit begann ein für unsere Begriffe ungeheuer langsamer Evolutionsprozeß. Erste Spuren organischen Lebens auf unserer Erde datieren die Biologen etwa 1,5 Milliarden Jahre zurück. Lebewesen in unserem Sinne allerdings gibt es auf der Erde erst seit rund 400 Millionen Jahren, also während des letzten Zehntels der Erdgeschichte, als sich allmählich eine sauerstoffhaltige Atmosphäre heranbildete. Säugetiere dürfte es auf der Erde seit etwa 220 Millionen Jahren geben. Der Mensch in seiner heutigen Entwicklungsstufe ist in dieser Chronologie eines der jüngsten Lebewesen überhaupt: ihn gibt es erst seit etwa 50 000 Jahren, also erst im letzten Einhunderttausendstel der Erdgeschichte. Wenn wir einmal das bisher angenommene Erdalter von rund viereinhalb Milliarden Jahren mit einem 24-Stunden-Tag vergleichen, werden uns diese erstaunlichen Dimensionen noch deutlicher: die Spezies Mensch existiert gleichsam erst seit einer Sekunde! Die Gattung der vor 70 Millionen

Jahren, also 23 Minuten, ausgestorbenen Dinosaurier brachte es bis zu ihrem Untergang immerhin auf eine Lebensdauer von respektablen 48 ›Erdminuten‹, während deren sie die unseren Planeten beherrschende Spezies waren!

Wie sieht dieser Planet Erde heute in seinem Innern aus? Ziemlich zuverlässige Antworten auf diese Frage gibt uns – die Seismologie! Seit die Wissenschaftler in der Lage sind, auch schwächste Erdbebenwellen über viele tausend Kilometer Entfernung zu messen, wissen wir über die Konsistenz auch solcher Erdschichten recht genau Bescheid, die uns mit technischen Mitteln wie etwa Tiefenbohrungen für immer unerreichbar bleiben werden. Denn wie etwa das Element Wasser Lichtwellen bricht – ein schräg ins Wasser gehaltener Stab etwa erscheint an der Grenze zwischen Wasser und Luft geknickt –, so verhalten sich auch Erdbebenwellen unterschiedlich, je nachdem, welcher Art das Material ist, das sie durchlaufen. Die Entwicklung des Seismographen im Jahre 1855 war also für die Erforschung des Erdinnern von allergrößter Bedeutung. Heute zeichnen Tausende sehr weit verfeinerter Seismographen ständig die Erschütterungen des Erdkörpers auf – natürliche Erschütterungen, wie sie etwa von Erdbeben oder den Brandungswellen der Ozeane verursacht werden, und ›künstliche‹ Erdbeben, wie sie etwa durch unterirdische Atomwaffenversuche ausgelöst werden.

Aus dem Vergleich von seismographischen Messungen an verschiedenen Punkten der Erdoberfläche ergibt sich, grob vereinfacht, dieses Bild vom Aufbau unseres Planeten: Der Erdkern mit einem Radius von schätzungsweise 1300 Kilometern dürfte aus geschmolzenem Eisen bestehen; die Temperatur dieses Materials schätzt man auf etwa 3800° Celsius. Geschmolzen bedeutet in diesem Fall allerdings nicht ›flüssig‹: unter dem ungeheuren Druck, der nahe dem Erdmittelpunkt auf diesem Kern lastet, hat sich das Material so weit verdichtet, daß es einen festen, stahlharten Körper bildet. Diesen inneren Erdkern umgibt als nächstgrößere Schale der äußere Kern. Er beginnt knapp 3000 Kilometer unter der Erdoberfläche und hat eine Dicke von rund 2000 Kilometern. Seine chemische Zusammensetzung ist der des inneren Kerns sehr ähnlich, seine Dichte, sein spezifisches Gewicht allerdings geringer, und dieser äußere Kern ist – wenn auch nicht glutflüssig – bereits deutlich plastischer als der harte innere Erdkern. Die weitaus größte Masse des Erdkörpers bilden die beiden Schalen des unteren und des oberen Erdmantels. Mit einer Dicke von rund 3000 Kilometern bilden diese beiden Schalen die äußere Hälfte des Erdradius. Sie bestehen aus einer Reihe unterschiedlich dichter Schichten und Übergangszonen – plastisch bis zähflüssiges Gestein, von dessen Eigenschaften man sich am ehesten ein Bild machen kann, wenn man es mit Bienenhonig vergleicht: die oberen Zonen des Erdmantels sind wohl von ähnlicher Konsistenz wie jener Honig, der von einem Löffel fließen würde; die unteren Schichten gleichen jener Art von Honig, die wir nicht eigentlich als flüssig bezeichnen würden: er tropft nicht, hat aber doch Fließeigenschaften: wenn wir ein Gefäß solchen Inhalts umrühren, dauert es viele Stunden, gar Tage, bis sich die zähe Masse wieder, der Schwerkraft gehorchend, gesetzt hat und die Oberfläche glatt ist.

Über diesem Erdmantel schließlich liegt als äußerste Rinde unseres Planeten die Erdkruste – unser Lebensraum. Mit einer Dicke von im Mittel 35 Kilometern ist sie, im Vergleich zum Erdradius von 6378 Kilometern, sehr dünn – kaum dicker als die Schale eines Apfels! An einigen Stellen, unter hohen Gebirgsketten wie den Rocky Mountains, dem Himalaya oder den Alpen ist diese Kruste bis zu 50 Kilometer stark; an anderen Stellen, unter den Ozeanen, mißt sie dagegen nur ein Zehntel dieser Stärke – dort, auf dem Meeresboden, ist die Kruste durchschnittlich nur zehn Kilometer dick. Anfang 1982 entdeckte ein amerikanisches Geologenteam das bislang dünnste bekannte Krustenstück: Unter dem Pazifik, etwa 1500 Kilometer vor der Küste Guyanas, hat die Erdkruste nur eine Stärke von rund 800 Metern! Die Wissenschaftler setzen auf diese Schwachstelle in der äußersten Erdschale übrigens große Hoffnungen: zum erstenmal könnte es hier gelingen, durch die Kruste hindurch mit einer Tiefenbohrung bis in den Erdmantel vorzudringen.

Die Kruste ist unter den Kontinenten nicht nur wesentlich dicker als unter den Ozeanen, sie ist auch um etwa 10 Prozent leichter, also weniger dicht. Überdies ist diese Kontinentalkruste erheblich älter als der Meeresboden: die Geologen haben auf den Kontinenten Gesteine gefunden, die mehr als dreieinhalb Milliarden Jahre alt sind. Die ozeanische Kruste dagegen ist nach heutigem Wissensstand nirgendwo älter als 200 Millionen Jahre. Ja, an einigen Stellen läßt sich ihr Alter sogar in uns vertrauten Maßstäben berechnen: Jahrzehnte, Jahre, sogar Tage . . .

Kontinente auf Kollisionskurs

Es war ein erregendes, gewaltiges Schauspiel der Natur, das da im November des Jahres 1963 – beobachtet von der Besatzung eines Fischkutters – knapp siebzig Kilometer südlich der Küste Islands im Nordatlantik ablief: Gasblasen stiegen aus dem Meer auf, und Dämpfe – die See kochte, und dann plötzlich schoß unter ohrenbetäubendem Donnern und Zischen eine Fontäne rotglühender Lava aus dem Wasser. Fünfzig, hundert Meter hoch flogen die zähflüssigen Glutfladen in den Himmel, eine riesige Dampf- und Rauchwolke bildete sich über der Szenerie, als immer mehr Lava vom Meeresboden her nachdrängte. Es war die Entstehung einer Insel, eines neuen Stücks Erde: Surtsey wurde innerhalb von 24 Stunden aus dem Meer geboren.

Immer und immer wieder werden die Isländer daran erinnert, daß sie in der vulkanisch aktivsten Zone der Erde leben. 1973 stiegen auf der Insel Heimaey 40 Feuersäulen in den Himmel, Lava und Aschenregen verschütteten ein Drittel der Hafenstadt. Mit Fischkuttern wurden die Bewohner von Heimaey eilig evakuiert, aber neun Monate später, als der Vulkan zur Ruhe gekommen war, kehrten sie in die Stadt zurück. Heute beheizen die Leute von Heimaey mit der natürlichen Wärme aus tieferen Lavaschichten ihre Häuser. Erdwärme ist in Island eine durchaus gängige Energiequelle: Ein Drittel des rund 100 000 Quadratkilometer messenden isländischen Bodens ist ständig vulkanisch aktiv. Die Hauptstadt Reykjavik zum Beispiel bezieht ihre gesamte Heizenergie aus schier unerschöpflichen Heißwasserreservoirs, die rund 1000 Meter unter der Erdoberfläche liegen. Heißes Wasser aus der Erdkruste heizt auch die zahllosen Treibhäuser auf Island.

Die Insel hoch im Norden ist ein erdgeschichtlich junger Lebensraum. Ihre Existenz verdankt sie einer Wunde in der Erdkruste, die sich auf dem Meeresboden des Atlantik aufgetan hat: Ziemlich genau in der Mitte zwischen dem amerikanischen Kontinent im Westen und Europa sowie Afrika im Osten zieht sich ein unterseeisches Gebirge durch den Ozean, der mittelatlantische Rücken. Die Gipfel dieses Gebirgszuges sind etwa so hoch wie die der Alpen. Bei genauerem Hinsehen zieht sich dieses Gebirge auf dem Meeresgrund sogar um die Südspitze Afrikas herum, verläuft dann wieder nach Norden bis zum Roten Meer. Ein ähnliches Unterseegebirge gibt es auch im Pazifik.

Diese Gebirgszüge, die man erst in den fünfziger und sechziger Jahren unseres Jahrhunderts genau vermessen hat, lieferten ein wichtiges Argument für die Anerkennung einer Hypothese, die – obgleich auf den ersten Blick höchst plausibel – von den Fachleuten jahrzehntelang heiß debattiert und immer wieder in Zweifel gezogen wurde: die Theorie von der Drift der Kontinente. Wie alt diese Theorie ist, läßt sich kaum mit Bestimmtheit sagen. Die Idee, daß die Kontinente unseres Planeten in steter Bewegung sind, daß unsere Landkarten und Globen nur eine Momentaufnahme sind, ist vermutlich unzählige Male gedacht worden – spätestens wohl seit jener Zeit, da es erstmals hinreichend exakte Weltkarten gab. Denn diese Weltkarten offenbarten eine höchst aufregende Eigentümlichkeit: Die Küstenlinien der Alten und der Neuen Welt, des nordamerikanischen und des europäischen Kontinents, stimmten auffällig überein – würde man die beiden Landmassen aus einer Weltkarte ausschneiden und aneinanderfügen, so ergäbe sich ein einziger zusammenhängender Kontinent. Ähnliches schien für Westafrika und Südamerika, für Ostafrika und die arabische Halbinsel zu gelten: auch hier zeigten die Küstenumrisse frappierende Übereinstimmungen.

Die Vorstellung, daß unsere Erdteile auseinandergebrochene

Teile eines einstigen Superkontinentes sind, taucht in den vergangenen Jahrhunderten immer wieder auf. Den meisten Wissenschaftlern aber schien der Gedanke, daß die vermeintlich feste Erdkruste, diese ungeheuren Festlandsmassen mit ihren Gebirgen, Wüsten und Wäldern, womöglich gar der Boden der Ozeane in Bewegung seien, allzu abwegig. Erst seit der Jahrhundertwende wurde die Theorie der Drift der Kontinente ernsthaft diskutiert.

Im Jahre 1908 stellte der amerikanische Geologe Frank Bursley Taylor die These auf, der Mond sei vor etwa 100 Millionen Jahren der Erde so nahe gekommen, daß seine von den Meeresgezeiten her bekannten Gravitationskräfte die Kontinente zum Erdäquator hingezogen hätten. Diese Überlegung schien auf den ersten Blick eine – wenn auch gewagte – Erklärung für ein anderes Phänomen zu liefern, das – neben der auffälligen Kongruenz der Küstenrumrisse – auf eine Bewegung der Kontinente hindeutete: Immer neue fossile Funde hatten die Vermutung aufkommen lassen, daß es in vielen Regionen der Erde im Verlauf der Jahrmillionen zu erstaunlichen Klimaveränderungen gekommen sein mußte: Tiefgefrorene Mammuts im Eis der Arktis, Butterblumen zwischen den Zähnen ... Regenwälder unter den Gletschern der Antarktis ... Gletscherhalden am heutigen Äquator ... – tropische Gebiete schienen einst vom Eis bedeckt, polare Regionen dagegen einmal gemäßigte Klimazonen gewesen zu sein. Die Vorstellung, daß irgendwann einmal die Polkappen unseres Planeten wärmer gewesen sein könnten als die Äquatorzonen, war – nach allem, was man über die Mechanik des Sonnensystems und die Wirkung der Sonnenstrahlen auf unserer Erde wußte – abwegig. Es blieb also nur der Schluß übrig, daß sich die Kontinente im Verlauf der Jahrmillionen in unterschiedliche Klimazonen auf dem Globus verschoben haben mußten.

Andere geologische und botanische Erkenntnisse schienen die Theorie von der Bewegung der Kontinente zu stützen: fossile Pflanzen in Europa und Nordamerika zeigten erstaunliche Ähnlichkeiten; auch die geologischen Strukturen an der Westküste Afrikas glichen auffallend denen an der brasilianischen

Küste. Und schließlich zeigt auch die Fauna Westafrikas zahllose Parallelen zur Tierwelt an der südamerikanischen Atlantikküste.

Der deutsche Meteorologe Alfred Wegener (1880–1930) war es, der als erster eine geschlossene Theorie der Kontinentaldrift vorlegte.

»Die erste Idee der Kontinentalverschiebung kam mir bereits im Jahre 1910 bei der Betrachtung der Weltkarte unter dem unmittelbaren Eindruck von der Kongruenz der atlantischen Küsten, ich ließ sie aber zunächst unbeachtet, weil ich sie für unwahrscheinlich hielt.« Aber der erst einmal verworfene Gedanke ließ Wegener nicht mehr los. 1915 veröffentlichte er sein Buch *Der Ursprung der Kontinente und Ozeane* – in den Augen der etablierten Wissenschaft eine wirre Irrlehre, für eine kleine Schar überzeugter Anhänger Wegeners aber ein Katechismus: In dieser, bis kurz vor seinem Tode immer wieder überarbeiteten und präzisierten Darstellung suchte Wegener nachzuweisen, daß bis vor etwa 300 Millionen Jahren alle Kontinente in einer einzigen zusammenhängenden Landmasse vereinigt gewesen seien: »Es ist, als setze man die Schnitzel einer zerrissenen Zeitungsseite wieder zusammen. Wenn dann schließlich die Zeilen aneinanderpassen, wenn der Text wieder lesbar wird, bleibt nur der Schluß übrig, daß die Seite ursprünglich so ausgesehen haben muß, wie wir sie zusammengesetzt haben.«

Wegeners Puzzle aber stieß unter seinen Fachkollegen zunächst auf Ablehnung. Die Vorstellung, daß die Kontinente, Bruchstücke eines einzigen Urkontinents *Pangäa*, gleichsam wie steinerne Riesenflöße auf dem flüssigen Erdmantel einherdriften, löste Spott und Zorn aus. Erst im Lichte neuer geologischer Erkenntnisse, lange nach Wegeners Tod im Jahre 1930, gewann seine kühne Theorie an Gewicht. Seit Mitte der sechziger Jahre sind auch hartnäckige Zweifler überzeugt, daß Alfred Wegeners Theorie von der Drift der Kontinente zutrifft. »Es ist, als seien wir auf einem Schiffsdeck umherspaziert und hätten zu eifrig die Planken studiert, um jemals auch nur aufzublicken und zu bemerken, daß dieses Schiff sich bewegte . . .« sagte der bekannte kanadische Geologe J. Tuzo Wilson Ende der sechziger Jahre in einem wissenschaftlichen Vortrag vor Kollegen. Eines der entscheidenden Beweisstücke fand man auf dem Grund der Ozeane – es waren jene Gebirgsrücken, die sich, nun mit modernen geologischen Techniken aufgespürt und vermessen, durch die Weltmeere ziehen, die Wegeners Theorie schließlich zum Durchbruch verhalfen. So entwarf die Wissenschaft ein neues Bild unserer Erde: Riesigen Flößen gleich, schwimmen die Kontinente und die Ozeanbecken auf dem zähflüssigen Erdmantel. Konvektionsströme im flüssigen Erdmantel versetzen diese dünnen, zerbrechlichen Krustenteile in Bewegung: Wie kochender Brei in einem Kochtopf vertikale Kreisbewegungen vollzieht, so steigt offenbar heißes Material aus tieferen Regionen des Erdmantels nach oben, kühlt sich dort ab, sinkt wieder nach unten, erhitzt sich dort erneut, steigt wieder auf – und so fort. Diese Konvektionsströme wirken nun auf die Kontinentalplatten ähnlich wie die Antriebsrolle eines Förderbandes oder Treibriemens.

Vor etwa 200 Millionen Jahren – erdgeschichtlich vor dem Hintergrund des auf vier Milliarden Jahre veranschlagten Alters unseres Planeten also erst in ›jüngster‹ Zeit – waren die Landmassen der Erde noch zu einem einzigen Kontinentalblock vereinigt. Das Auseinanderbrechen dieser *Pangäa* muß nach Wegeners Theorie vor etwa 150 Millionen Jahren begonnen haben. Zunächst spaltete sich der Riesenkontinent in einen nördlichen und einen südlichen Teil. Dann trennte sich Südamerika von Afrika, und Antarktika brach los, später spaltete sich Australien von diesem Bruchstück ab. Europa und Nordamerika schließlich brachen auseinander, der Nordatlantik entstand.

Hier, auf dem Meeresboden des Atlantik, haben die Geologen den bisher wohl überzeugendsten Beweis für die Richtigkeit von Wegeners Theorie gefunden – jene unterseeischen Gebirgszüge. In diesen ›Wunden‹ entsteht neues Krustenmaterial: Wo die Kontinentalplatten auseinanderdriften, drängt aus dem Erdmantel flüssiges Gestein nach oben, füllt gewissermaßen den Riß in der Kruste aus. An anderen Stellen vollzieht sich der umgekehrte Vorgang: Erkaltetes Krustengestein des Meeres-bodens schiebt sich unter die Kontinentalblöcke – und je tiefer die Kruste nach unten gedrückt wird, desto höher werden Temperatur und Druck, bis sich das Krustengestein wieder zu Lava verflüssigt. Zwölf größere und eine Vielzahl kleinerer Platten driften heute auf dem zähflüssigen Erdmantel. Die größeren sind, von West nach Ost: die eurasische Platte, die Europa und den asiatischen Kontinent umfaßt; südlich des Mittelmeeres die afrikanische Platte, deren westliche Grenze bis etwa in die Mitte des Südatlantik reicht; südlich von ihr die antarktische Platte, östlich die indo-australische und die Fiji-Platte; nördlich Australiens die philippinische Platte; östlich davon die gewaltige pazifische Platte; ein Dreieck vor der Westküste Mittelamerikas: die Cocos-Platte; südlich von ihr die bis an die Westküste Südamerikas heranreichende Nazca-Platte, wo sie an die südamerikanische Platte grenzt; weiter nördlich die karibische Platte; und schließlich die den nordamerikanischen Kontinent umfassende nordamerikanische Platte.

Die Bewegung dieser Kontinentalplatten dauert an – Messungen am mittelatlantischen Rücken haben gezeigt, daß sich zum Beispiel Europa und Nordamerika um fast drei Zentimeter pro Jahr auseinanderbewegen; die pazifische Platte bewegt sich um nahezu zehn Zentimeter jährlich. An anderen Stellen hat man längs der Plattengrenzen gar Bewegungen um 20 Zentimeter jährlich festgestellt. Die Wissenschaftler glauben ziemlich sicher zu wissen, daß derzeit die afrikanische, die antarktische, die süd- und die nordamerikanische Platte wachsen, während sich die pazifische Platte verkleinert. Auch über die Bewegungen dieser riesigen Land- und Meeresbodenmassen ist man sich während der letzten Jahre recht genau klargeworden: die indo-australische und die afrikanische Platte bewegen sich nordwärts bzw. nordöstlich; die süd- und die nordamerikanische Platte verschieben sich in westlicher und nordwestlicher Richtung; die pazifische Platte scheint entgegen dem Uhrzeigersinn zu rotieren. Unsere Weltkarten also sind tatsächlich nur Moment-aufnahmen – wenigstens gemessen an erdgeschichtlichen Dimensionen. Wenn die heute bekannten Kontinentalbewegungen sich, woran es eigentlich keine vernünftigen Zweifel gibt, fortsetzen, dann wird sich in einigen hundert Millionen Jahren das Bild der Erde erheblich verändert haben.

Die afrikanische Platte, die sich erst vor rund 20 Millionen Jahren von der arabischen Halbinsel gelöst hat, dreht sich weiter im Uhrzeigersinn – die noch ›jungen‹ Meere, die so entstanden, das Rote Meer und der Golf von Aden, werden von Jahr zu Jahr größer. Ostafrika wird sich, so glauben die meisten Geologen, in einigen Millionen Jahren vom Rest der afrikanischen Platte lösen wie einst Arabien. Gleichzeitig besiegelt diese Drehung des afrikanischen Kontinents auch das Schicksal des Mittelmeeres: es wird beständig kleiner – die Straße von Gibraltar könnte in einigen hunderttausend Jahren für Schiffe unpassierbar werden. Australien, noch vor 65 Millionen Jahren ein Anhängsel der antarktischen Platte, wird in 50 Millionen Jahren einige tausend Kilometer weiter nach Norden gewandert sein und zu einem guten Stück nördlich des Äquators liegen; Nordamerika und Europa werden sich um etliche hundert Kilometer voneinander entfernt haben, und ein großes Stück der kalifornischen Pazifikküste wird sich vom Rest der nordamerikanischen Platte losgesagt haben und auf der Reise nach Nordwesten sein, zur Inselkette der Aleuten. Wo immer sich diese Kontinentalplatten aneinanderreiben, miteinander zusammenstoßen oder auseinanderdriften, werden gewaltige Energien freigesetzt. Was sich 1963 mit der Geburt der Vulkaninsel Surtsey und zehn Jahre später in Heimaey vollzog, waren eindrucksvolle Beispiele dafür. Auch der spektakuläre, explosionsartige Ausbruch des Vulkans Mount St. Helens im US-Bundesstaat Washington im Mai 1980 war eine Begleiterscheinung dieser Kontinentalkollisionen – freilich einer ganz besonderen Variante. Bis vor kurzem stellte man sich den hier an der Westküste Nordamerikas ablaufenden Vorgang so vor: Parallel zu den Küstenlinien des Staates Washington verläuft etwa 100 bis 200 Kilometer draußen im Pazifik die Grenze zwischen der nordamerikanischen und der pazifischen Platte; hier schiebt sich der Meeresboden unter den nordamerikanischen Kontinent. Dort, wo das schräg eintauchende Gestein des Meeresbodens in den zähflüssigen Erdmantel absinkt, entsteht nun bei diesem in 80 bis 100 Kilometer Tiefe stattfindenden Schmelzvorgang ein gewaltiger Druck, der sich nach oben entlädt – durch die Erdkruste hindurch sucht sich die Lava ein Ventil. Tatsächlich zieht sich 200 Kilometer landeinwärts an den Küstenlinien Washingtons, Oregons und Nordkaliforniens eine Kette von Vulkanen entlang – Ventile, die ›Epizentren‹ über den Schmelztiegeln tief unten in der Erdkruste. Eines dieser Ventile ist der 2549 Meter hohe Mount St. Helens, der am 18. Mai 1980 um 8 Uhr 32 Minuten und 41 Sekunden explodierte – im Innern des Kegels aufgestaute Lava schoß aus dem Nordhang des Berges und blies 400 Millionen Tonnen mikroskopisch feinen Staub in die Erdatmosphäre. Die Druckwelle dieser Explosion und die vulkanischen Gase verwüsteten ein Gebiet von über 500 Quadratkilometern. Spirit Lake, vor der Eruption ein idyllischer Bergsee inmitten der Wälder am Nordhang des Vulkans, lag nach jenem Morgen in einer Mondlandschaft; noch sechs Tage nach dem Ausbruch des Mount St. Helens dampfte das Wasser des Sees.

Forschungsergebnisse aus jüngster Zeit haben gezeigt, daß die geologischen Vorgänge an der Westküste Nordamerikas in Wirklichkeit sehr viel komplizierter sind – es handelt sich nicht einfach um eine Kollision der nordamerikanischen und der pazifischen Platte. Vier amerikanische Geophysiker, David L. Jones, Allan Cox, Peter Coney und Myrl Beck, haben während der letzten Jahre das Krustengestein an der Westküste der USA und Kanadas eingehend untersucht. Sie kamen zu dem Ergebnis, daß »buchstäblich die gesamte Pazifikküste von Baja California in Mexiko bis zur Spitze Alaskas im Norden und in einer Breite von bis zu 500 Kilometern landeinwärts auf den zuvor existierenden Kontinent aufgepropft worden ist – Stück für Stück ist diese Westküste gewachsen durch das Hinzufügen großer ›vorfabrizierter‹ Krustenblöcke. Die meisten dieser Blöcke haben viele tausend Kilometer von ihren Ursprungspositionen im pazifischen Becken zurückgelegt, bis sie den Kontinent erreichten.«

Woher mögen diese Bruchstücke der Erdkruste stammen, die

da wie gigantisches Treibgut an der Westküste Nordamerikas angeschwemmt wurden? David Jones und seine Kollegen haben festgestellt, daß viele der Blöcke ozeanischen Ursprungs sind: einstige Inseln, Reste von Meeresplateaus oder unterseeische Gebirgsrücken. Andere Bruchstücke sind unzweideutig Fragmente anderer Kontinente: Man fand im Gestein Mikrofossilien, wie sie sonst nur am anderen Ende des Pazifik, auf den japanischen Inseln, vorkommen. Jones resümiert: »Das westliche Nordamerika ist also eine Collage zusammengefügter Krustenblöcke, die durch den Druck der ozeanischen Platten während der letzten 200 Millionen Jahre in ihre derzeitige Formation gebracht worden sind. Jedes dieser floßartigen Bruchstücke trägt eine Ladung exotischer Gesteine.«

Die Theorie von der Drift der Kontinente wird durch diese Entdeckung der vier amerikanischen Geophysiker nicht in Frage gestellt – aber sie wird doch in wesentlichen Details modifiziert. Kalifornien, Washington und Oregon, das westliche Kanada und Alaska – ein Puzzle aus ›angeschwemmten‹ Krustenstücken, die aus ganz unterschiedlichen Gegenden des Globus stammen: Das deutet darauf hin, daß der Urkontinent Pangäa nicht nur in die bekannten großen Blöcke zerbrochen sein muß – sondern daß es eine ganze Anzahl kleinerer und kleinster Bruchstücke gegeben hat, einige von ihnen wohl nicht einmal 100 Kilometer im Durchmesser, die Hunderte Millionen Jahre lang auf dem Erdmantel einhergedriftet sind, um sich dann irgendwo und irgendwann mit den großen Kontinentalplatten zu vereinigen.

Für das Verständnis der Vorgänge in der kalifornischen Erdkruste ist das eine wichtige Erkenntnis: Die Grenze zwischen der nordamerikanischen und der pazifischen Platte darf man sich nicht länger – wie bisher angenommen – als eine klar definierte Linie (etwa den berühmten San-Andreas-Graben) vorstellen; vielmehr scheint es sich um eine breite, geologisch ›durchwachsene‹ Zone zu handeln.

Der Zusammenhang von Kontinentaldrift und Naturerscheinungen wie Vulkanausbrüchen und Erdbeben ist plausibel und seit vielen Jahren eindeutig beweisbar. In den Jahren zwischen

1961 und 1967 hat der U.S. Coast & Geodetic Survey 30 000 größere Erdbeben statistisch erfaßt und die Epizentren auf einer Weltkarte markiert. Dabei zeigen sich auffällige Beben-häufungen in bestimmten Regionen der Erde. Das frappierende Ergebnis dieser über sechs Jahre laufenden Studie: Nahezu alle Erdbeben ereignen sich an den Grenzen der Kontinental-platten.

Dabei spielt die pazifische Platte eine besondere Rolle: Rings um diesen jüngsten aller Ozeane, der erst etwa 90 Millionen Jahre alt ist, werden über 80 Prozent aller schweren und mittleren Beben registriert. Diese zirkumpazifische Erdbeben-zone verläuft längs der Westküsten Süd- und Nordamerikas über die Inselkette der Aleuten, die Kurilen, Japan und die Philippinen bis hinunter nach Neuseeland.

Was sich längs der südamerikanischen Westküste vollzieht, ist ein besonders eindrucksvolles Beispiel für die Ursachen der starken seismischen Aktivität im zirkumpazifischen Gürtel – das Schulbeispiel einer Frontalkollision zweier tektonischer Platten. Hier, vor den Küsten Chiles und Perus, driftet die Nazca-Platte nach Osten und schiebt sich unter die westwärts wandernde südamerikanische Platte. Diese Kontinentalkollison löst nicht nur beständig neue Erdbeben aus, gleichzeitig drängt der beim Abtauchen in den heißen Erdmantel zu Lava verflüs-sigte Meeresboden der Nazca-Platte wieder nach oben und hebt den Westrand des südamerikanischen Kontinents. Die von zahlreichen Vulkanen gesäumte Gebirgskette der Anden, das aktivste, am schnellsten wachsende Gebirgsmassiv der Erde, ist das Ergebnis dieses Prozesses. Nahe den Galapagos-Inseln, wo der Nordrand der Nazca-Platte an die Cocos-Platte grenzt, hat man den Vorgang der Entstehung neuen Krustenmaterials auf dem Meeresboden erstmals beobachtet und dokumentiert:

Es begann damit, daß im März 1977 Wissenschaftler während einer ozeanographischen Expedition über dem Bruchsystem des Südatlantik eine unerwartet reiche Meeresfauna und Anzei-chen für vulkanische Aktivität entdeckten. Mit einem Spezial-unterseeboot schickte man Taucher in eine Tiefe von 3000 Metern auf den Meeresboden hinunter. Was sie dort sahen, war ein weiterer überzeugender Beweis für die Theorie von der Kontinentaldrift: Gewaltige Geysire spien kochendheißes Wasser, gemischt mit im Scheinwerferlicht der U-Boot glitzernden Gasblasen aus dem Meeresboden; glühende Lava quoll aus dem Erdinnern. Die Taucher der Galapagos-Expedition waren Augenzeugen der Geburt eines neuen Stücks Meeresbodens – Geysire und unterseeische Vulkane sind die treibende Kraft der Kontinentaldrift: Heißes Gestein aus den oberen Schichten des Erdmantels drückt die Krustenplatten seitwärts, schiebt die Nazca- und die Cocos-Platte nach Westen unter die südamerikanische Küste.

Insbesondere in einem Land, das an diesem zirkumpazifischen Gürtel liegt, ereignen sich immer wieder spektakuläre Erdbebenkatastrophen: Chile.

Dennoch ist es nicht Chile und auch nicht das nördlich gelegene Peru, das die höchste Erdbebendichte aufzuweisen hat. Doppelt so häufig wie an der südamerikanischen Pazifikküste bebt die Erde in Japan, dem Land, in dem mehr Bebenenergie freigesetzt wird als irgendwo sonst auf der Welt. Gleichzeitig ist das japanische Inselreich weit dichter besiedelt und weit mehr industrialisiert als die süd- oder mittelamerikanischen Erdbebenregionen. Japan war denn auch Schauplatz eines der gewaltigsten, folgenschwersten Beben dieses Jahrhunderts, des Kanto-Bebens vom 1. September 1923, das Tokio und Yokohama verwüstete und über 140 000 Todesopfer forderte.

Übertroffen wurde diese Erdbebenkatastrophe nur von jenem Beben, das am 28. Juli 1976 die Industriestadt Tangshan östlich von Peking heimsuchte und, nach offiziellen Angaben, 242 000 Menschenleben (inoffiziellen Schätzungen zufolge mehr als 650 000) kostete.

Dieses Katastrophengebiet im Nordosten Chinas gehört zu dem zweiten bedeutenden Erdbebengürtel, der sich um unseren Globus zieht, der mediterran-transatlantischen Zone. Sie beginnt bei den Azoren im Atlantik und zieht sich über Gibraltar, Marokko, Italien und den südlichen Alpenraum, den Balkan und das östliche Mittelmeer, Kleinasien, Persien und die Himalayaregion bis nach Indonesien, wo sie auf den zirkumpazifi-

schen Gürtel trifft. Rund 10 Prozent der weltweiten Bebenenergie werden in diesem Erdbebenband, das den halben
Globus umspannt, freigesetzt.

Weitere 6 Prozent der Bebenaktivität entfallen auf die mittel-
ozeanischen Rücken, also jene Regionen, wo sich auf dem
Boden der Weltmeere die Erdkruste durch ständig nachdrän-
gendes plastisches Gestein aus dem Erdmantel erneuert.

Erdbeben allerdings gibt es auch weitab der Plattengrenzen.
Diese Beben sind, vor dem Hintergrund der weltweiten seismischen Aktivität, zwar meist nur von untergeordneter Bedeutung, und die von ihnen freigesetzte Energie macht, über
längere Zeiträume gesehen, nur ein Bruchteil der gesamten
Erdbebenenergie aus. Dennoch können solche Beben, die man
auf ruckartig gelöste Spannungen im Gestein innerhalb der
Kontinentalplatten zurückführt, beträchtliche Schäden anrichten. Auch im Osten der Vereinigten Staaten, also ziemlich
genau in der Mitte der von Kalifornien im Westen bis zur Mitte
des Nordatlantik im Osten reichenden amerikanischen Platte,
gibt es immer mal wieder heftige Erdstöße. Ähnliches gilt für
die weitab von jeder Plattengrenze gelegenen Regionen England, Skandinavien und Deutschland.

In ständiger Angst vor Erdbeben aber müssen vor allem die
Menschen längs der beiden großen Bebengürtel leben, die sich
um die Erde ziehen. Hier hat es während der voraufgegangenen
Jahrtausende immer wieder zerstörerische Erdbebenserien gegeben, und es existiert kein vernünftiger Grund zu der Annahme, daß diese Regionen irgendwann einmal davon verschont
bleiben werden: Solange die Drift der Kontinente andauert,
solange sich die riesigen steinernen Flöße aneinander schaben,
miteinander kollidieren oder auseinandertreiben, bebt die Erde.
Neue Erkenntnisse über die Natur, Ausbreitung und Wirkungen von Erdbebenwellen haben unterdessen den Statikern und
Architekten geholfen, ihre Konstruktionen – Häuser, Brücken,
Straßen, Tunnels und Staudämme – besser gegen diese Katastrophen zu schützen. So sind in den letzten Jahrzehnten
besonders viele Menschenleben bei Erdbeben in unterentwik-
kelten Ländern umgekommen oder in Regionen, wo die alte

Bausubstanz den Bebenwellen nicht standhielt. Die Bebenserie im italienischen Friaul im Mai 1976, das Tangshan-Erdbeben vom Juli desselben Jahres, die Erdbeben in der Osttürkei im November 1976 und Oktober 1983 auch das Beben in Süd- und Mittelitalien vom November 1980 hätten weit weniger Todesopfer gefordert, wenn die Gebäude dieser Regionen dem derzeitigen Erkenntnisstand der Ingenieurwissenschaften entsprochen hätten. Es gibt also durchaus Möglichkeiten, sich vor den Auswirkungen von Erdbeben zu schützen – aber nur bis zu einem bestimmten Grad: Ermutigt von in der Tat beeindruckenden Erfolgen bei der Konstruktion bebenresistenter Bauten wagen Architekten und Statiker letztlich immer höhere Konstruktionen. Was sich heute in Tokio bei einer Wiederholung des Erdbebens vom Jahre 1923 ereignen würde, ob die zahllosen Wolkenkratzer den ruckartigen Beschleunigungen des Bodens um die Fundamente standhalten würden, weiß mit letzter Sicherheit niemand zu sagen. Gleichzeitig werden unsere hochentwickelten Gemeinwesen immer anfälliger für Naturkatastrophen, auch wenn wir gerade diesem hohen technologischen Entwicklungsstand immer neue Erkenntnisse über die Wirkungen von Erdbeben und damit über Möglichkeiten, uns vor ihnen zu schützen, verdanken. Aber ohne ein für Störungen höchst anfälliges Kommunikationsnetz, ohne Energieversorgung, ohne funktionierende Verkehrswege und Transportmittel kommen diese Gemeinwesen, kommen auch deren Rettungsdienste kaum noch aus. So mag es Regionen geben, deren Bewohner nicht länger, wie die Menschen im Friaul oder in der Osttürkei, von herabstürzenden Zimmerdecken bedroht sind – ihre Wohnhäuser und Büros mögen einem schweren Beben standhalten. Aber die feingesponnenen Infrastrukturnetze, die dem Transport von Menschen, Gütern, Dienstleistungen und Daten dienen, sind dafür ungleich stärker gefährdet, als es noch vor zwei, drei Jahrzehnten der Fall war. Es ist ein Glücksfall, daß sich keines der rund 60 wirklich schweren Erdbeben, die unseren Planeten während der letzten drei Jahrzehnte erschütterten, in jenen beiden hochindustrialisierten Regionen ereignete, die als extrem bebengefährdet gelten müssen: Japan und die

Westküste der Vereinigten Staaten. Ein Zufall, der leicht zum Verhängnis werden kann, denn jene trügerische Ruhe, die zu Sorglosigkeit verführt und zu der Selbsttäuschung, alles werde schon gutgehen, ist mit Sicherheit nicht von Dauer. Auf die Frage, welche Auswirkungen ein großes Erdbeben der Magnitude 8 oder mehr auf einen hochindustrialisierten Ballungsraum haben wird, werden wir früher oder später eine erschöpfende, empirisch gesicherte Antwort haben. Beben dieser Größenordnung ereignen sich im langjährigen statistischen Mittel ein- bis zweimal im Jahr. Es ist also tatsächlich nicht die Frage *ob*, sondern *wann* ein solches Beben Tokio, San Francisco oder Los Angeles heimsucht.

Ein ›Reißverschluß‹ in Kalifornien

Die Fahrt geht nach Südosten, über den Highway 101, der am
Rand der San Francisco Bay verläuft, vorbei am Candlestick-
Stadion, nach San Mateo und Redwood City. Dann eine
Abzweigung nach Westen: »Menlo Park« steht auf dem Stra-
ßenschild. Nach drei, vier Meilen bin ich am Ziel: einige zwei-
geschossige, moderne Bürobauten, umgeben von üppig empor-
schießenden Sträuchern und Bäumen. In überdimensionalen
Messinglettern gibt die Tafel an der Einfahrt zum weiträumigen
Parkplatz Auskunft: *United States Geological Survey*.
Im ersten Stock wartet Bob Nason auf mich – wie immer ist
sein Schreibtisch überhäuft mit Büchern, Zeitschriften, Manu-
skripten und Zeitungsausschnitten. Die Regale sind vollge-
stopft mit Aktenordnern, die Wände drapiert mit Landkarten,
und diese gespickt mit bunten Stecknadeln.
Bob Nasons Spezialität ist *fault-creep* – zu deutsch etwa:
Bewegungen von Bruchzonen in der Erdkruste. Wenige Kilometer von seinem Büro hat Bob Nason eine Reihe höchst
interessanter Studienobjekte. Der U.S. Geological Survey, die
amerikanische Bundesbehörde für Geologie, hat sich nicht etwa
des angenehmen Klimas oder der schönen Gärten wegen mit
einer ihrer größten Zweigstellen in Menlo Park niedergelassen –
der Forschungskomplex am Westrand der Bucht von San Francisco liegt vielmehr in unmittelbarer Nachbarschaft einer der
berüchtigtsten Bruchzonen dieser Erde. Dutzende von Seismographen im Gebäudekomplex an der Middlefield Road zeichnen rund um die Uhr Bodenbewegungen auf die unter den

Schreibhebeln hinweglaufenden Papierstreifen. Über Funk oder Standleitungen ist jedes dieser Aufzeichnungsgeräte mit einem Meßinstrument irgendwo in Kalifornien verbunden – einige viele hundert Kilometer entfernt, in der Sierra Nevada, andere gleich vor der Haustür, auf dem Campus der weltberühmten Stanford University. Diese Seismographen messen die Erschütterungen in der Erdkruste längs jener vielen Dutzend Verwerfungen, die sich – meist in Nord-Süd-Richtung – durch Kalifornien ziehen. Die bekannteste dieser Bruchzonen ist der San Andreas Fault. Er markiert die Grenzzone zwischen zwei großen Kontinentalschollen: der pazifischen und der nordamerikanischen Platte.

Vor vielen Millionen Jahren begann die westwärts driftende nordamerikanische Platte sich hier über die pazifische Platte zu schieben und den Ostrand der pazifischen Platte in den Erdmantel hinabzudrängen. Folgeerscheinung dieser Kollision, die allem Anschein nach noch andauert, sind die bis zu 5000 Meter hohen Bergketten der Sierra Nevada und jene Vulkankette im Norden Kaliforniens, in Oregon und Washington, zu der auch der Mount St. Helens gehört. Mit dem westlichen Küstenstreifen Nordamerikas aber hat es, wie wir gesehen haben, seine besondere Bewandtnis: Er scheint zum großen Teil aus *terranes* zu bestehen, jenen ›angeschwemmten‹ Krustenbruchstücken ganz unterschiedlicher Herkunft. Was das südwestliche Drittel Kaliforniens angeht – den westlich des San-Andreas-Grabens gelegenen Teil –, so besteht diese Region aus deutlich jüngerem Gestein als die restlichen zwei Drittel. Für die Geologen ist das ein untrügliches Zeichen, daß es sich hierbei um ›Land aus dem Meer‹, um ein Stück ›trockengelegten‹ Meeresbodens handelt. Vereinfacht gesagt: Die westlich des San-Andreas-Grabens gelegenen Teile Kaliforniens gehören zur pazifischen Platte, der Rest des Staates zur nordamerikanischen Platte. Man muß hier allerdings einschränken: Nicht allein der San Andreas Fault markiert diese Plattengrenze – es handelt sich vielmehr um eine Grenzzone, eine Grenzregion mit vielen hundert meist seitlich versetzt laufenden Parallelgräben.

Das eigentlich Aufregende aber an dieser Plattengrenze ist dies:

Hier wird die Drift der Kontinente sichtbar! Der südwestliche Teil Kaliforniens treibt unaufhörlich nach Norden, der Rest des Staates, der zur nordamerikanischen Platte gehört, bewegt sich relativ dazu nach Süden. Bob Nason und seine Kollegen vom U.S. Geological Survey haben diese Bewegung an vielen Stellen längs des San-Andreas-Grabens und der benachbarten Bruchlinien nachweisen können:

»Wir installieren zum Beispiel auf einigen Berggipfeln längs des San Andreas Fault Laserkanonen. Den gebündelten Lichtstrahl schießen wir in diagonaler Richtung über den Fault zu einem Reflektor, der auf einem Berggipfel jenseits des Fault installiert ist. Wir messen nun mit Hilfe einer Atomuhr die Laufzeit des Laserstrahls und errechnen daraus die genaue Entfernung zwischen Laserkanone und Reflektor – das geht mit unseren Instrumenten bis zu einer Genauigkeit von einem Zehntelmillimeter auf einen Kilometer Entfernung. Wir wiederholen nun diese Messungen in bestimmten Abständen und können so sehr genau feststellen, wie weit sich die Laserkanone und der Reflektor auseinander oder aufeinander zu bewegt haben – also: wie weit die beiden Berggipfel in, sagen wir, einem Jahr aneinander vorbeigewandert sind.«

Die Landschaft rechts und links des San-Andreas-Grabens bewegt sich derzeit um rund vier Zentimeter jährlich aneinander vorbei – im Zeitlupentempo also, aber immerhin: Wenn diese Bewegung sich in Zukunft fortsetzt – woran kaum zu zweifeln ist –, dann wird, so hat Robert Hamilton vom U.S. Geological Survey ausgerechnet, »Los Angeles in etwa 10 Millionen Jahren auf der Höhe des Golden Gate liegen, wird an San Francisco vorüberdriften, weiter nach Nordwesten wandern und schließlich, nach weiteren 50 Millionen Jahren, vor der Südküste Alaskas angelangt sein. Dort wird Los Angeles von den gewaltigen Kräften der Kontinentaldrift ins Innere der Erde hinabgedrängt werden, wird eingeschmolzen und irgendeines Tages in ferner Zukunft als glühende Lava während eines Vulkanausbruches wieder zum Vorschein kommen.« Diese Aussichten auf ein Recycling müßten die Los Angelenos, die »beautiful people« von Beverly Hills und Santa Monica, eigent-

lich beunruhigen – aber schließlich: der endgültige Untergang von Los Angeles wird erst um das Jahr 60 001 984 stattfinden. Was bis dahin allerdings passiert und ob die driftenden Kontinentalplatten womöglich schon lange vorher, vielleicht morgen, Los Angeles in Bedrängnis bringen, ist eine andere Frage...
Vielerorts in Kalifornien bedarf es keiner komplizierten Meßapparaturen, um die Bewegungen der beiden Kontinentalplatten links und rechts des San-Andreas-Grabens und seiner Nebenspalten aufzuspüren. Millimeter um Millimeter jeden Monat, Zentimeter um Zentimeter Jahr für Jahr, meterweise im Verlauf einiger Jahrzehnte versetzt die Kontinentaldrift in Kalifornien Berge, Flüsse, Häuser, Straßen und Zäune. Eines der augenfälligsten Beispiele für die Wirkung dieser Kontinentalverschiebung an der Erdoberfläche gibt es im Cienega Valley südlich der Kleinstadt Hollister zu besichtigen. Da steht, inmitten grüner Hügel, ein Farmhaus. 1939, als das Hauptgebäude aus nicht näher erklärlichem Grund eingestürzt war, setzte man einen Neubau an dieselbe Stelle – diesmal in massiver Stahlbetonbauweise. Doch schon bald zeigten sich Risse im Fußboden und in den Wänden. 1956 schließlich entdeckten die Geologen des U.S. Geological Survey den Grund für die scheinbar geheimnisvollen Beschädigungen: Das Farmhaus im Cienega Valley wird im Zeitlupentempo auseinandergezerrt – denn direkt unter seinem Fundament verläuft der San-Andreas-Graben; die eine Hälfte des Hauses steht auf der pazifischen Platte, die andere auf der nordamerikanischen ...
Spuren der Kontinentaldrift sind auch in einem Weinberg südlich der Farm zu beobachten: Da zieht sich ein merkwürdiger Knick durch die schnurgeraden Reihen der Weinstöcke – in den letzten eineinhalb Jahrzehnten hat die Kontinentaldrift die Weinstöcke beiderseits der hier fast auf den Zentimeter genau zu definierenden Bruchzone um rund einen halben Meter versetzt.
Beispiele wie dieses gibt es zu Hunderten in Kalifornien: Bordsteine zerbrechen scheinbar geheimnisvoll, und die Bruchstücke wandern Jahr für Jahr um zwei, drei Zentimeter auseinander; ehedem schnurgerade auf die Straße aufgepinselte

Mittellinien krümmen sich plötzlich; Eisenbahngleise werden langsam, aber sicher verbogen; immer mal wieder brechen Wasserleitungsrohre aus geheimnisvollen Gründen; einst lotrechte Hauswände neigen sich zur Seite, und Gartenzäune verlaufen nach einigen Jahren nicht mehr in gerader Linie.

Vielerorts sind es nur kleine Risse im Asphalt einer Straße, ein gebrochener Rinnstein, einige Millimeter versetzte Betonplatten eines Gehweges, die darauf hindeuten, daß hier ein tiefer Riß in der Erdkruste verläuft; an anderen Stellen aber hat der San-Andreas-Graben ganzen Landschaften seinen Stempel aufgedrückt – und an diesen Stellen ahnt man, welche gewaltigen Kräfte hier in der Erdkruste am Werk sind.

Aus großer Höhe aufgenommene Luftbilder und Satellitenfotos der Umgebung von San Francisco zeigen den Verlauf dieser Bruchzone viel deutlicher, als er zu ebener Erde sichtbar ist: Von der Vorstadt Daly City am Westufer der Halbinsel von San Francisco aus zieht sich eine unübersehbare tiefe Wunde nach Südosten; fast parallel zum Interstate Highway 280 läuft ein tiefer Einschnitt durchs Land. Teile der Bruchzone haben sich mit Wasser gefüllt: So entstand der lang hingezogene San-Andreas-See; andernorts hat man in diesem Einschnitt Wasser künstlich aufgestaut; in den beiden Crystal-Springs-Stauseen. Auch nördlich von San Francisco, wo der San-Andreas-Graben noch einmal Land berührt und die Halbinsel Point Reyes vom Rest Kaliforniens abzuschneiden droht, ist der Verlauf der Bruchzone aus der Luft als deutlicher Einschnitt im Gelände zu erkennen. Die dramatischsten Spuren aber hat der San-Andreas-Graben in der Carrizo-Ebene, 160 Kilometer nördlich von Los Angeles, hinterlassen: Eine tiefe Furche, wie mit einem überdimensionalen Pflug gezogen, zieht sich hier durch die Wüste; beiderseits der Rinne haben sich nach dem Zusammenstoß der beiden Platten Bergketten aufgetürmt – ein überdimensionaler Reißverschluß in der Erdkruste.

Mit Bob Nason sitze ich im Cliff House am Golden Gate. Durch die großen Fenster sieht man auf das weiße Band der Strände der Halbinsel, man hört das Gebrüll der Seelöwen, die sich unten auf den Felsen vor der Küste tummeln, und man kann zuschauen, wie die Sonne in den Pazifik taucht. Bob Nason zeigt ins Gegenlicht nach Westen: zwei, drei dunkle Felseneilande im Meer, die Farallones. »Diese Inseln da draußen wandern jedes Jahr 5, 6 Zentimeter nach Norden, auf Alaska zu. Zwischen uns und ihnen liegt die Grenze der beiden Platten, der San-Andreas-Graben, der hier vor dem Golden Gate durchs Meer verläuft.«

Diese Drift der pazifischen Platte wäre an und für sich nicht mehr als ein – wenn auch höchst interessantes – Studienobjekt für die Geologen: Es zeigt, daß Los Angeles und San Francisco einander jedes Jahr um einige Zentimeter näherrücken, im Verlauf eines Menschenalters um drei, vier Meter, daß der Nordatlantik größer wird, daß unser Mittelmeer in vielleicht zehn, zwanzig Millionen Jahren nur noch halb so groß sein wird – all dies wären für uns und kommende Generationen kaum mehr als theoretische Erkenntnisse ohne praktische Konsequenzen. So wäre es, wenn diese Plattenbewegungen tatsächlich gleichmäßig und ohne Störungen ablaufen würden. Das aber ist nicht so.

Zwei an ihren Kanten glattgeschliffene und polierte Steinplatten lassen sich durchaus ruckfrei und ohne viel Reibungswiderstand aneinander vorbeischieben. Anders verhält es sich, wenn die Oberflächen rauh und uneben sind – dann verhaken sich die Kanten dieser Platten unweigerlich, die Bewegung verläuft ruckartig.

Bob Nason erklärt: »Man darf sich diese beiden Flächen, die sich da unten aneinander reiben, die Kanten der pazifischen und der nordamerikanischen Platte, nicht als glattgeschliffene Flächen vorstellen. Der San-Andreas-Graben ist rund 1000 Kilometer lang, und da reiben sich Gesteine unterschiedlicher Konsistenz aneinander; überdies ist dieser San-Andreas-Graben ja keine mit dem Lineal gezogene schnurgerade Linie – er hat Ecken, knickt ab, und die Bruchzone besteht an vielen Stellen aus mehreren, sogar einem Dutzend Spalten. Da kommt es nun immer wieder dazu, daß sich das Gestein ineinander verhakt – ganz so, als versuche man, zwei nicht säuberlich mit einer Steinsäge auseinandergeschnittene, sondern einfach grob durchgebrochene Hälften einer Kachel oder einer Fliese gegeneinander zu verschieben. Wir haben eine Reihe von Punkten längs des San-Andreas-Grabens entdeckt, wo schon seit Jahren überhaupt keine Bewegung an der Oberfläche festzustellen ist – da scheint der Graben regelrecht ›verriegelt‹. Natürlich geht die Bewegung der beiden großen Platten unterdessen weiter. Das Gestein in der Bruchzone wird also, wenn es sich nicht entsprechend verschiebt, unter einen ungeheuren Druck gesetzt. Bis zu einem gewissen Punkt kann es diese Kräfte durch seine natürliche Elastizität ausgleichen – es wird gedehnt oder gestaucht. Aber, wie gesagt, nur bis zu einem bestimmten Punkt – bis an die Grenze seiner Festigkeit. Wird diese Grenze überschritten, dann bricht es unweigerlich – geradeso wie ein Besenstiel, ein Streichholz, ein Stück Beton nur bis zu einer bestimmten Grenze belastbar, biegbar ist – jenseits dieser Grenze bricht das Material. Dieser Bruchvorgang setzt nun ruckartig und in einem einzigen Augenblick gewaltige Mengen von Energie frei – jene Energie, die bis dahin zur Dehnung oder Biegung dieses Materials aufgewendet wurde, wird nun plötzlich in Bewegungsenergie umgesetzt. Am Beispiel des Besenstiels: die beiden jetzt auseinanderbrechenden Enden schnellen plötzlich auseinander. Dasselbe passiert im Prinzip mit der Erdkruste – und diese ruckartige Bewegung, durch die ein gewaltiges Maß über Jahre, vielleicht sogar über Jahrhunderte aufgestauter Energie freigesetzt wird – das ist das Erdbeben.«

Das Bild, das Bob Nason an jenem Abend während des Sonnenuntergangs im Cliff House gebrauchte, erklärt, was grundsätzlich bei einem Erdbeben vor sich geht: eine ruckartige Entladung von Spannungen in der Kruste, die sich dann in Form von Druckwellen verschiedener Art und Ausbreitungscharakteristik über ein großes Gebiet bemerkbar machen kann. In Wirklichkeit ist freilich alles noch viel komplizierter – sehr zum Leidwesen der Geologen, die zwar mittlerweile die Oberflächenbewegungen längs bestimmter Bruchzonen ziemlich exakt vermessen können. Aber diese sich gegeneinander verschiebenden Krustenstücke sind vielerorts bis zu 50, 60 Kilometer dick – wenn sich nun an der Oberfläche nichts bewegt, heißt dies dann, daß auch fünf, sechs Kilometer tiefer die Bewegung zum Stillstand gekommen ist? Oder bedeutet es, wenn sich die Berggipfel auf beiden Seiten einer Bruchzone bewegen, daß sich auch in größerer Tiefe eine Bewegung vollzieht? Oder verhakt sich da unten womöglich irgendwo eine tiefere Gesteinsschicht, staut sich Energie gefährlich auf, um sich Jahre später in einem gewaltigen Ruck zu entladen? Über Jahrzehnte galt es unter den Seismologen als ausgemacht, daß kein Grund zur Sorge besteht, solange der »Fault Creep«, die Kriechbewegung beiderseits einer Bruchzone, zügig vorangeht, im Idealfall in jenem Tempo, das der Bewegung der beiden aneinandergrenzenden Platten entspricht. Aber seit einer Reihe von Erdbeben besonders deutliche Kriechbewegungen vorausgingen, haben viele Geologen Zweifel an dieser Theorie: Die einen reagieren alarmiert, wenn die Kriechbewegungen an bestimmten Stellen zum Stillstand kommen; die anderen fürchten ein Erdbeben, wenn sich die Bewegungen an der Oberfläche beschleunigen. Hinzu kommt ein weiterer komplizierter Faktor: In Kalifornien verteilt sich die im langjährigen Mittel sehr konstante Bewegung der beiden Platten auf Hunderte von Bruchlinien, die meist parallel zum San-Andreas-Graben verlaufen, manchmal aber auch rechtwinklig versetzt angeordnet sind; und sehr wahrscheinlich gibt es – von Geologen bislang unentdeckt – ein oder zwei Dutzende weiterer Gräben. Da verteilt sich also die Bewegung der beiden Platten auf unzählige, unübersehbare Bruchlinien; eine Kriechbewegung, die am San-Andreas-Graben zum Stillstand kommt, setzt sich womöglich am Hayward-Graben fort oder anderenorts im Gewirr der Gräben an der Pazifikküste.

Auf all diese Fragen wissen die Geologen bisher keine erschöpfenden Antworten zu geben. Als sicher gilt nur eines: Kalifornien wird, wie in der Vergangenheit, auch künftig Erdbeben ausgesetzt sein – jenen gewaltigen Entladungen von in der Erdkruste aufgestauten Energien, deren Druckwellen Häuser zum Einsturz bringen, Eisenbahngleise um Meter versetzen, Wasserleitungen wie Strohhalme knicken und Staudämme bersten lassen.

Seismische Wellen – der Globus vibriert

Szenenwechsel: Bensberg bei Köln. In einer ruhigen Seitenstraße, umgeben von viel Grün und sanften, bewaldeten Hügeln, wohnt Ludwig Ahorner. Was wie ein gewöhnliches Einfamilienhaus aussieht, ist in Wirklichkeit ein wissenschaftliches Institut – die Erdbebenwarte der Universität Köln.

Professor Ahorner dürfte gelegentlich seine Kollegen in anderen, seismisch aktiveren Gegenden der Welt beneiden – seine im Keller der Villa installierten Seismographen verzeichneten kaum jemals deutliche Ausschläge – so jedenfalls muß es dem Laien erscheinen, der mit dem Seismologen ins Untergeschoß hinabsteigt und die Apparaturen in Augenschein nimmt: Meist schnurgerade Linien zeichnen die Schreibhebel auf das geduldig, Rolle für Rolle unter ihnen hinweglaufende Papier. Alle 60 Sekunden macht die Nadel einen abrupten Knick – kein Erdstoß, sondern die eingebaute Zeitmarkierung. Dann und wann zittert der Schreibhebel auch schon mal zwischendurch: »Ein Lastwagen, irgendwo in der Nähe«, wiegelt Ludwig Ahorner ab.

Aber der Eindruck, daß Ludwig Ahorners Erdbebenwarte nur die Müllwagen, Tanklastzüge oder die Preßlufthämmer in der Nachbarschaft registriert, täuscht. Bensberg ist nicht Kalifornien, und über ungewöhnliche Bodenbeschleunigungen brauchen sich die Statiker hier kaum Gedanken zu machen. Aber wenn in San Francisco, in Yokohama oder in Tiflis die Erde bebt, dann geraten auch die Apparaturen in Ludwig Ahorners Keller in Bewegung. Wie mehr als tausend andere Erdbebenwarten rund um die ganze Welt helfen auch seine Geräte, Ort und Intensität eines Erdbebens zuverlässig zu ermitteln – auch wenn es sich auf der anderen Seite des Globus ereignet. Die Zacken auf dem Papier mögen nicht größer sein als die, welche jener Möbelwagen auslöste oder jene Sprengung im Kalksandsteinbruch bei Dornap im Bergischen Land – aber ein Seismologe weiß die Linien auf Anhieb zu deuten, weiß zu unterscheiden zwischen einem Polterabend im Nebenhaus, einem unterirdischen Atombombenversuch am anderen Ende der Welt und einem Erdstoß in der Türkei oder in Japan.

Seismographen wie die im Kellergeschoß der Bensberger Erdbebenwarte registrieren Erschütterungen des Bodens. Alle diese Aufzeichnungsgeräte, auch die modernsten und empfindlichsten, basieren im Grunde genommen auf einem sehr simplen Prinzip, das bereits seit Jahrtausenden zur Messung von Bodenerschütterungen angewandt wird. Das erste bekannte Aufzeichnungsinstrument dieser Art stammt aus dem Jahre 132 v. Chr. und wurde von dem chinesischen Gelehrten Chang Heng konstruiert – kein Seismograph im eigentlichen Sinne, denn dieses Instrument konnte den zeitlichen Ablauf von Erdbebenerschütterungen noch nicht aufzeichnen, sondern ein *Seismoskop*: ein Porzellangefäß, in dessen Innern ein Pendel aufgehängt ist. Bewegt sich nun der Untergrund, auf dem dieses Gefäß steht, so bewegt sich auch das Gefäß selbst. Zunächst aber verharrt das Pendel seiner Masse wegen in Ruhe – es ergibt sich also eine relative Bewegung des Pendels innerhalb des Gefäßes. Über einen Hebelmechanismus werden diese Schwingungen des Pendels, die genaugenommen Schwingungen des Gefäßes in Relation zum Pendel sind, auf eine oder mehrere von sieben kreisförmig um das Pendel gelagerte Kugeln übertragen, die durch diese Hebelbewegung aus ihren Schalen an der Außenwand des Gefäßes gestoßen wurden und zu Boden fielen. Diese Apparatur verzeichnete zweierlei: erstens, daß überhaupt ein Erdbeben stattgefunden hatte; zweitens konnte man daraus, welche der sieben Kugeln aus ihrer Schale gestoßen worden waren, ungefähre Rückschlüsse auf die Himmelsrichtung ziehen, aus der der Erdstoß gekommen sein mußte.

Von diesem ersten Seismoskop bis zu unserem heutigen Instrumentarium, das uns Auskunft über Dauer, Stärke und Ort eines Bebens gibt, war es ein weiter Weg. Das Grundprinzip aber ist das gleiche: Man registriert die Bodenerschütterungen mit Hilfe von frei aufgehängten Massen, die einen ruhenden Bezugspunkt zur Messung der Bewegungen der Erdkruste bieten. Dabei geht es grundsätzlich um die Messung zweier Bewegungen: horizontaler, also parallel zur Erdoberfläche verlaufender Schwingungen, zu deren Aufzeichnung man sich des Pendelprinzips bedient; vertikale Bodenbewegungen dagegen lassen sich mit einer an einer Feder aufgehängten Masse registrieren. In beiden Fällen gilt: Auf den ersten Blick erscheint es so, als bewegten sich die jeweiligen Massen; tatsächlich aber ist das Gegenteil der Fall: Das Pendel und auch das an einer Feder aufgehängte Gewicht verharren bei plötzlichen Erschütterungen des Bodens zunächst in ihrer ursprünglichen Position – was Seismographen aufzeichnen, sind also die Bewegungen der Aufhängung und damit des Untergrundes in Relation zu einem ›festen‹ Bezugspunkt, eben diesen Massen. Aufschlüsse über den zeitlichen Ablauf solcher Schwingungen erhält man, wenn man an diesen Massen ein Schreibinstrument befestigt und unter diesem Schreibinstrument einen Papierstreifen mit einer bestimmten Geschwindigkeit hinweglaufen läßt – die seitlichen oder vertikalen Bewegungen der Massen erscheinen so auf dem Papier in Form von Kurven.

Dieses recht simple mechanische Grundprinzip mußte natürlich erheblich verfeinert werden, um verläßliche Aufzeichnungen der tatsächlichen Bodenbewegungen zu erhalten: Wenn man etwa ein Pendel an einem Bindfaden befestigt oder ein Gewicht an einer Spiralfeder und dann die Hand, die dieses Pendel oder dieses Gewicht an der Feder hält, ruckartig bewegt, so bleibt tatsächlich einen Augenblick lang die Masse unten am anderen Ende des Fadens oder der Feder im Ruhezustand; dann aber gerät auch sie in Bewegung, schwingt sogar noch lange nach, selbst wenn die Bewegung der Hand längst aufgehört hat. Zuverlässige Seismographen müssen also diese physischen Eigenschaften der Pendel und Federn, mit denen sie konstruiert sind, ›berücksichtigen‹. Man muß diese Schwingungen der Massen entweder mechanisch dämpfen oder rechnerisch einkalkulieren, um zu einem unverfälschten Bild der tatsächlichen Bodenbewegungen zu kommen. In den heute gebräuchlichen Seismographen werden die relativen Bewegungen von Aufhängung und Pendel in elektrische Impulse umgesetzt. Solche Signale lassen sich nun nach Bedarf hundertfach oder gar viele hunderttausendmal verstärken und werden von einem elektromagnetischen Schreiber oder einem Lichtstrahl auf einem langsam vorbeilaufenden Papier- oder Fotopapierstreifen, der auf eine rotierende Trommel aufgespannt ist, festgehalten. In modernen Seismographen werden diese Signale gleichzeitig mit der graphischen Darstellung auch auf Magnetband gespeichert. Auf diese Weise läßt sich das Seismogramm nicht nur einfacher archivieren; die Magnetaufzeichnung bietet gleichzeitig die Möglichkeit, das Seismogramm in optische Signale auf einem Videoschirm oder auch in akustische Signale umzuwandeln, es nachträglich zu verstärken oder zu dämpfen, es über Kabel oder Funk an nahezu jeden Punkt der Erde zu übermitteln – diese Magnetaufzeichnungen erleichtern also ganz wesentlich die Verarbeitung, Analyse und den Austausch von seismischen Daten.

Mit einem Seismographen allein allerdings kommt eine Erdbebenwarte nicht aus, denn es gilt Bodenbeschleunigungen unterschiedlicher Richtungen zu registrieren. Dazu sind mindestens drei Geräte erforderlich: eines mißt Beschleunigungen in Nord-Süd-Richtung, ein anderes solche in Ost-West-Richtung und ein drittes schließlich registriert vertikale Bewegungen des Bodens. Außerdem verfügen Erdbebenwarten in der Regel über ein Sortiment unterschiedlich empfindlicher Seismographen, mit denen sich sowohl weit entfernte schwache Erdstöße als auch starke Bodenbewegungen, die von einem nahen Erdbebenherd rühren, messen lassen. Die empfindlichsten dieser Seismographen sind in der Lage, sogar kleinste Bodenerschütterungen zu registrieren, wie sie etwa von im Wind schwankenden Bäumen oder den Brandungswellen an einer Küste ausgelöst werden; umgekehrt verzeichnen die ›unempfindlichsten‹

Seismographen zuverlässig Bodenbewegungen, die stärker sind als die Erdbeschleunigung.

Was sind das nun für Erschütterungen des Erdbodens, die selbst noch in einer Entfernung von Zehntausenden von Kilometern von empfindlichen Seismographen aufgezeichnet werden und die, oft noch über hundert Kilometer von einem Erdbebenherd entfernt, Gebäude zum Einsturz bringen können? Erinnern wir uns an jenes anschauliche Bild, das Bob Nason von den Vorgängen in einer Bruchzone der Erdkruste entworfen hatte: Es reiben sich also zwei Teile der Kruste aneinander, und irgendwo unten im Fels verhakt sich das Gestein, wird gedehnt wie eine immer weiter aufgezogene Uhrfeder, und wie diese Uhrfeder bricht, wenn die Grenze ihrer Elastizität erreicht ist, bricht auch das Gestein, wenn es die Bewegung der beiden Krustenteile nicht länger durch die eigene Flexibilität ausgleichen kann. Wie die gebrochene Uhrfeder setzt nun auch das berstende Gestein die zuvor aufgestaute Energie ruckartig in Bewegung um: Es schnellt gewissermaßen in eine entspannte Lage zurück.

Stellen wir uns etwa eine Straße vor, die einen solchen Bruch, einen ›fault‹ rechtwinklig kreuzt. Die gegenläufige Bewegung der Krustenplatten beiderseits des Fault wird nun im Laufe der Zeit die ehedem gerade Straße mit einer S-Kurve versehen. Wenn das Krustengestein an dieser Stelle überdehnt wird und bricht, dann wird auch die Straße in der Mitte dieser S-Kurve auseinanderschnellen, und die beiden Enden werden ruckartig gegeneinander versetzt.

Dieses vereinfachte Bild setzt natürlich voraus, daß sich der Dehnungsvorgang, der schließlich in eine plötzliche Verschiebung mündet, an der Erdoberfläche genauso abspielt wie tief unten im Gestein. In vielen Fällen wird das nicht der Fall sein, weil der Boden an der unmittelbaren Oberfläche von anderer Konsistenz ist als das tieferliegende Gestein und daher auf Druck und Dehnung anders reagiert. Aber man hat Versetzungen an der Erdoberfläche, wie sie dieses Beispiel schildert, tatsächlich in einer Reihe von Fällen beobachtet, so nach dem schweren Erdbeben in San Francisco im Jahre 1906. Damals wurden vielerorts im Bebengebiet Wege, Zäune und Bahngleise ruckartig versetzt, und zwar um bis zu sechseinhalb Meter – eine Wirkung, verursacht von der über Jahrzehnte ›unterdrückten‹ Kriechbewegung, die sich während des Bebens plötzlich entfaltet.

Die im Gestein aufgestaute Energie entlädt sich im wesentlichen in zwei Formen: Ein geringerer Anteil wird in Reibungswärme umgesetzt – die beiden auseinanderberstenden und aneinander vorbeischnellenden Gesteinsflächen heizen sich auf. Der weitaus größere Energieanteil aber, die Bewegung nämlich, setzt sich in Form von Druckwellen über weite Entfernungen im Gestein fort.

Diese Erdbebenwellen sind, trotz aller Besonderheiten, im Grunde mit den uns geläufigen Schallwellen, den Lichtwellen oder den Wellen auf einer Wasseroberfläche vergleichbar. Zum besseren Verständnis dieser seismischen Wellen muß man sich zunächst allerdings einmal vergegenwärtigen, daß auch Gesteine elastische Körper sind – weniger formbar als etwa Holz oder die oben als Vergleich genannte Stahlfeder einer Uhr, aber doch bis zu einer bestimmten Grenze durchaus fähig, Schwingungen zu übertragen. Das bedeutet nichts anderes als: sich in sich selbst zu verformen. Man kann sich das einfach und einleuchtend veranschaulichen, wenn man etwa eine Gesteinsplatte mit einem Hammer leicht anschlägt – sie wird nicht zerbrechen, sondern nachklingen wie eine Glocke, das heißt, sie wird durch den Hammerschlag in Schwingung versetzt, und diese Schwingung überträgt sie wiederum auf die sie umgebende Luft, wodurch der Vorgang für uns als akustisches Signal hörbar wird.

Es liegt auf der Hand, daß die Elastizität, also das Schwingungsverhalten eines Körpers, von seiner Konsistenz abhängt – ein Glasgefäß klingt, wenn man es anschlägt, anders als ein Tonkrug, ein Porzellanteller anders als ein Metallgefäß. Unser Planet Erde besteht aus in seiner Konsistenz sehr unterschiedlichen, kugelförmig angeordneten Schichten: dem hochverdichteten und daher festen inneren Erdkern, dem zähflüssigen bis plastischen Erdmantel mit seinen Übergangszonen; und schließlich der kühlen, spröden Kruste. Licht- und Schallwellen verhalten sich unterschiedlich, je nachdem, ob sie sich in der Luft oder im Wasser fortsetzen; ebenso zeigen die von einem Erdbeben ausgelösten Druckwellen ein höchst unterschiedliches Ausbreitungsverhalten, abhängig davon, welcher Art die Körper sind, die sie durchlaufen. Diesem Umstand verdankt die Seismologie im besonderen und die Erdwissenschaft im allgemeinen eine Reihe außerordentlich wichtiger Erkenntnisse: Einerseits ermöglicht das unterschiedliche Ausbreitungsverhalten verschiedenartiger Erdbebenwellen in bestimmten Schichten der Erde die exakte Bestimmung von Zeitpunkt, Ort und Stärke eines Erdbebens; andererseits hat das Verhalten der Erdbebenwellen innerhalb bestimmter Schichten des Erdkörpers wichtige Erkenntnisse über den Aufbau unseres Planeten ermöglicht – geradeso wie Röntgenstrahlen Einblicke in das Innere des menschlichen Körpers geben oder Aufschlüsse über den Zustand einer Schweißnaht in einer Stahlkonstruktion, läßt das Verhalten von Erdbebenwellen ziemlich exakte Rückschlüsse auf die Zustände im Innern unserer Erde zu. Wie Glocken unterschiedlich klingen – je nachdem, aus welchem Metall sie gefertigt sind –, so ›klingen‹ auch die verschiedenartigen Schichten unseres Planeten unterschiedlich. »Die Erde schwingt wie eine Glocke«, das ist ein beliebter Vergleich – in Wirklichkeit aber handelt es sich um das vielstimmige Konzert eines ganzen Glockenturms!

Seismologen unterscheiden zwei grundsätzliche Kategorien seismischer Wellen: Körperwellen, die sich auf unterschiedlichen Wegen und mit unterschiedlicher Geschwindigkeit durch das Innere des Erdkörpers ausbreiten, und Oberflächenwellen, die sich nur in der oberen Erdkruste fortsetzen.

Von besonderer Bedeutung für die Seismologie sind dabei die Körperwellen, die man, nach ihrer jeweils unterschiedlichen Charakteristik und Laufgeschwindigkeit, in zwei Arten trennt: die sich schneller ausbreitenden P-(*Primär*-)Wellen und die langsamer laufenden S-(*Sekundär*-)Wellen. P-Wellen gleichen in vieler Hinsicht Schallwellen: Wie ein Schallereignis, etwa ein Hammerschlag oder ein Händeklatschen, die Luftpartikeln komprimiert und verdünnt, setzen auch die seismischen P-Wellen Gesteinspartikeln abwechselnd unter Druck und Dehnung; wie Schallwellen breiten sich seismische P-Wellen in unterschiedlichen Körpern aus: in festen, wie Granitgestein, in plastischen, wie den tieferen Erdschichten, oder in flüssigen, wie den Ozeanen; bestimmte Frequenzanteile dieser P-Wellen sind sogar, wie Schallwellen, hörbar: Sie können sich von der festen Erdkruste auf die Atmosphäre übertragen – vorausgesetzt, ihre Frequenz liegt innerhalb des für menschliche Ohren wahrnehmbaren Bereichs, also etwa über 15 Schwingungen pro Sekunde.

Langsamer als diese Kompressions- oder Primärwellen breitet sich die zweite Art der Körperwellen, die S-Wellen aus, die man auch Scherwellen oder Transversalwellen nennt. Diese Bezeichnungen illustrieren schon das wesentliche Charakteristikum der Wellen: Sie versetzen die Partikeln eines Körpers in seitliche, rechtwinklige Schwingungen zu ihrer Laufrichtung. Im Unterschied zu Kompressionswellen breiten sich die Scherwellen nur in festen Körpern, nicht aber in flüssigen Materialien aus – man kann das sehr einfach anhand eines Experiments demonstrieren: Komprimierte Flüssigkeiten schwingen zurück, dehnen sich als Reaktion auf die Kompression aus. Anders als feste Körper, die nach einer Biegung in seitlicher Richtung wieder in ihren Ausgangszustand zurückkehren, reagieren aber flüssige Körper nicht auf solche Scherbewegungen.

Der zweite, für die Seismologie sehr wichtige Unterschied zwischen diesen beiden Arten von Körperwellen ist ihre jeweilige Ausbreitungsgeschwindigkeit: P-Wellen breiten sich rund doppelt so schnell aus wie S-Wellen – je nach Konsistenz der Materie, die sie durchlaufen, bewegen sich Kompressionswellen mit einer Geschwindigkeit zwischen 5 Kilometern/Sek. in der Erdkruste und bis zu 13 Kilometern/Sek. in tieferen Erdschichten; Scherwellen dagegen erreichen Höchstgeschwindigkeiten von drei bis sechseinhalb Kilometern pro Sekunde. Ihre Spitzengeschwindigkeiten erreichen die P-Wellen im festen Erdkern; S-Wellen dagegen können den Erdkern gar nicht durchqueren, weil sie bereits in den flüssigen Schichten des

Erdkörpers ›verschluckt‹ werden. Dafür wird ein Teil dieser Scherwellen an der Grenze zum äußeren Erdkern reflektiert und wandert zurück in die oberen Krustenschichten; auch die alle Erdschichten durchdringenden Kompressionswellen werden beim Übergang von einem Material ins andere abgelenkt, geradeso wie Lichtqellen, wenn sie ins Wasser ›tauchen‹, gebrochen werden.

Die zweite Kategorie seismischer Wellen (neben den Körperwellen) sind die Oberflächenwellen, die sich, wie der Name sagt, nur längs der Erdoberfläche ausbreiten. Da sind zum einen die nach ihrem Entdecker, dem britischen Mathematiker A. W. H. Love, benannten *Love-Wellen*. Ihre Ausbreitungscharakteristik gleicht der von Scherwellen – sie schwingen nicht vertikal, sondern horizontal zu ihrer Laufrichtung. Diese horizontal schwingenden Love-Wellen sind es vor allem, die bei einem Erdbeben Schaden anrichten: Ihre Seitwärtsbewegungen übertragen sich auf die Fundamente der Gebäude und versetzen sie in horizontale Schwingungen. Zerstörerische Wirkung entfalten auch die *Rayleigh-Wellen*, so benannt nach dem britischen Physiker und Mathematiker Lord Rayleigh. Die Rayleigh-Wellen gleichen den Wellen auf einem Ozean: Gesteinspartikeln werden in rollende ellipsenförmige Bewegungen innerhalb der vertikalen Ebene der Ausbreitungsrichtung der Welle versetzt.

Oberflächenwellen können, je nach ihrer Intensität und der Art des Untergrundes, verblüffende Wirkung haben. Von zahlreichen Erdbeben sind solche ungewöhnlichen Effekte bekannt. Nach einem Erdbeben vom Jahre 1886 in Charlestown/South Carolina notierte der Arzt F. L. Parker: »... von diesem Augenblick an nahmen die Vibrationen rapide zu, und der Erdboden wogte wie eine Wasseroberfläche. Ich konnte die Erdwellen, während sie vorbeirollten, so klar erkennen wie ich Tausende von Malen die Wellen auf den Strand von Sullivan's Island habe rollen sehen. Die erste Welle kam von Südwesten; dann schienen die Wellen gleichzeitig aus südwestlicher und nordwestlicher Richtung zu kommen, sie überquerten in diagonaler Linie die Straße, liefen ineinander, hoben mich in die Höhe und ließen mich wieder fallen, so als stünde ich auf einem

Schiffsdeck. Ich schätze, daß die Wellen mindestens eine Höhe von zwei Fuß (60 Zentimeter) erreichten.«

Die vier verschiedenen Wellenarten, die ein Erdbeben ausmachen, stehen in vielfältigen, komplizierten Beziehungen zueinander. Sie werden beim Übergang von einem Material in ein anderes, beim Durchlaufen unterschiedlicher Gesteinsschichten beschleunigt oder verlangsamt, reflektiert oder gebogen, sie werden sogar von einer Wellenart in eine andere umgesetzt. Innerhalb der einzelnen Schalen des Erdkörpers gibt es recht unterschiedliche Materialien: Weder sind die Grenzen zwischen diesen Schalen auf Kilometer genau definierbar noch besteht die Erdkruste, an der unsere Seismographen die Wellen registrieren, aus gleichförmigem Material – sie setzt sich vielmehr aus Gesteinen unterschiedlicher Dichte zusammen, die seismische Wellen unterschiedlich weiterleiten.

P- und S-Wellen werden überdies, wenn sie die Erdoberfläche erreichen, zu einem großen Teil in die Kruste reflektiert, so daß diese Oberfläche womöglich gleichzeitig Wellen aus der Tiefe und zurücklaufenden Wellen unterworfen ist. Daraus können sich Bodenbewegungen ergeben, die unter Umständen außerordentlich heftig sind. Eine große Rolle für die Auswirkung dieser Wellen an der Oberfläche spielt natürlich die Konsistenz des Untergrundes: Grob vereinfacht läßt sich feststellen, daß felsiger, fester Untergrund weniger stark in Schwingungen gerät als lockerer Grund.

Eine besonders verhängnisvolle Wirkung seismischer Wellen bekam die Bevölkerung der japanischen Küstenstadt Niigata im Jahre 1964 zu spüren: Am 16. Juni jenes Jahres ereignete sich knapp 60 Kilometer von der Stadt entfernt ein Erdbeben der Magnitude 7,3. Während dieses Bebens verwandelte sich der Boden unter großen Teilen der Stadt plötzlich in eine breiige, schlickartige Substanz – Autos versanken binnen weniger Sekunden einen Meter tief, vierstöckige Stahlbetonbauten neigten sich zur Seite und kippten, ohne daß ihre Struktur irgendwie Schäden davontrug, schließlich regelrecht um; die Bewohner dieser Häuser verließen ihre Wohnungen nach dem Beben durch die Fenster und konnten sich über die um bis zu 80 Grad geneigten, also fast waagerecht liegenden Außenwände ins Freie retten. Andere Gebäude sackten wie gestrandete Schiffe im Treibsand mehrere Meter in die Tiefe. Dieser dramatische Effekt seismischer Wellen kann dort auftreten, wo Gebäude auf wassergesättigtem, lockerem Untergrund erbaut sind. Die Erdbebenwellen können solche Böden mit hohem Grundwasserspiegel buchstäblich verflüssigen: Die Vibrationen der Sedimente lassen das Grundwasser ansteigen, der Boden verliert seine Festigkeit und verwandelt sich in einen schwabbelnden Brei, der schwere Objekte wie Autos oder gar die Fundamente von Gebäuden regelrecht verschluckt.

Derartige Bodenverflüssigungen treten vor allem bei länger andauernden Beben auf. Die kritische Grenze liegt nach Meinung der meisten Experten bei etwa zehn Sekunden – so lange kann auch ein wassergesättigter Untergrund trotz der Bebenwellen seine Stabilität bewahren. Besonders gefährdet für Bodenverflüssigung sind naturgemäß unmittelbare Küstenregionen, die nicht aus festem Gestein, sondern aus künstlich aufgeschüttetem Grund bestehen. Sowohl in Japan als auch in Alaska und in Kalifornien gibt es eine große Anzahl solcher Gebiete: Landgewinnung aus dem Meer, etwa durch aufgeschütteten Bauschutt, ist in Ballungsräumen mit knappem Baugrund eine vielpraktizierte und profitable Lösung. Im Falle eines schweren Erdbebens aber ist auf solchen Baugrund wenig Verlaß.

Aus all diesen unterschiedlichen Reaktionen verschiedener Bodenarten und Gesteinsschichten auf die seismischen Wellen ergibt sich auf den Papierstreifen unserer Seismographen ein auf den ersten Blick höchst verwirrendes Bild unterschiedlicher Bodenbewegungen – ein wahres Wellenchaos, das nur das geschulte Auge des Seismologen zu entwirren vermag. Immerhin, eine Grundregel hilft bei der Interpretation der scheinbar chaotischen Zickzacklinien schon erheblich weiter: die unterschiedlichen Ausbreitungsgeschwindigkeiten der Kompressions- und Scherwellen. Vor allem der Zeitdifferenz zwischen dem Eintreffen dieser beiden Arten von Körperwellen verdanken wir die Möglichkeit, Ort, Zeitpunkt und Intensität eines Erdbebens mit recht großer Präzision zu ermitteln.

Seismographen entwirren das Wellenchaos

»University of California, Berkeley – Seismographic Stations«
steht auf dem Messingschild am Eingang zu jenem Gebäude, in
dem Bruce Bolt sein Büro hat. Professor Bolt ist einer der
angesehensten Erdbebenexperten auf der Welt. Sein Renommee
unter den Fachleuten verdankt Bruce Bolt unter anderem dem
Umstand, daß sein Institut in unmittelbarer Nähe eines der
berüchtigtsten kalifornischen Erdbebengräben liegt, des Hayward Fault, der den Campus der Universität von Berkeley
durchschneidet: Bruce Bolt und seine Mitarbeiter registrieren
Erdbeben nicht allein auf den Papierstreifen und Magnetbän-
dern ihrer Seismographen – alle paar Monate schaukeln die
Schreibtischlampen, alle paar Jahre wackeln die Wände, und
Statiker prognostizieren, daß der Campus der Universität Berkeley, einschließlich des Seismologischen Instituts von Bruce
Bolt, nach dem nächsten großen Erdbeben einem Trümmerfeld
gleichen wird. Bis dahin registrieren die Seismographen des
Bruce Bolt akribisch Erdstöße in Japan, in Persien oder draußen im Pazifik vor dem Golden Gate.
»Natürlich«, sagt Bruce Bolt, als wir vor den papierbespannten
Trommeln seiner Seismographen stehen, »ist das für den Laien
auf den ersten Blick ein verwirrendes Bild von Linien. Diese
regelmäßigen Zacken hier«, sagt er und deutet aufs Papier,
»sind noch am ehesten zu verstehen: Alle sechzig Sekunden
wird der Schreibhebel kurz zur Seite ausgelenkt – das ist die
Zeitmarkierung, die uns hilft, den genauen Zeitpunkt der anderen, der ›natürlichen‹ Ausschläge des Schreibers festzustellen.

Davon nun gibt es eine ganze Reihe: Kein empfindlicher Seismograph produziert eine schnurgerade Linie – er registriert vielmehr ständig die verschiedensten Bodenerschütterungen, eine Art seismisches ›Grundrauschen‹, das von allerlei künstlichen und natürlichen Störquellen herrührt – vom vorbeifahrenden Lastwagen auf der Telegraph Avenue in Berkeley, einem Erdrutsch in Marin County oder einem unterirdischen Kernwaffenversuch in der Sowjetunion.«

Bruce Bolt rollt einen eben von der rotierenden Trommel des Seismographen ausgespannten Papierstreifen auf seinem Schreibtisch aus: Gut zwei Dutzend parallel laufender, leicht gezackter Linien, die der Schreibhebel während der letzten Stunden in einer Spirale auf die Trommel geschrieben hat. An einer Stelle werden die Zacken dann plötzlich größer, der Schreiber schlägt aus, und – so zeigt uns der von der Zeitmarkierung gegebene Maßstab – nach etwa 20 Sekunden werden die Ausschläge dann auf einmal noch größer, in wilden Zuckungen ist der Schreibhebel in schon zuvor beschriebene Zeilen hineingeschossen und dann in anderer Richtung, auf das noch weiße Papier hinübergerast. Über mehr als zwei Minuten zieht sich diese Spur auf dem Papierstreifen dahin, ebbt allmählich ab und mündet wieder in das kleingezackte Einerlei – verursacht von Lastzügen, der Ozeanbrandung und den Preßlufthämmern einer nahen Baustelle.

Was da auf dem Papierstreifen dieses Seismographen aufgezeichnet wurde, ist ein Erdbeben. Bruce Bolt deutet mit seinem Kugelschreiber auf jenen Punkt, wo die leicht gezackte Linie des Seismogramms plötzlich weiter ausschlägt: »Diese Kurven sind die Bodenbewegungen der ersten P-Wellen, also der schneller laufenden Kompressionswellen. Diese Erschütterungen dauern etwa 20 Sekunden an. Dann werden die Zacken plötzlich größer, der Schreiber schlägt erheblich weiter aus, und außerdem wird der Abstand zwischen den obersten Spitzen der Ausschläge – die Periode der Welle – deutlich größer. Dieser Punkt markiert das Eintreffen der ersten Scherwellen, die langsamer laufen als die Primärwellen und also später beim Seismographen eintreffen. Die durch diese Scherwellen hervorgerufene Bewegung des Schreibhebels dauert nun etwa weitere 40 Sekunden an, und ihr folgt über eine Minute lang ein Band zunächst ziemlich gleichförmiger, kleinerer Ausschläge, das schließlich abebbt – dies sind die Oberflächenwellen, die noch später als die P- und die S-Wellen beim Seismographen eintreffen, weil sie, wie ihr Name sagt, sich nur an der Oberfläche fortsetzen und also vom Erdbebenherd bis zu unserem Meßinstrument einen längeren Weg zurückzulegen haben als die Körperwellen.«

Vor allem die Zeitdifferenz zwischen dem Eintreffen der Primär- und der Sekundärwellen hilft den Seismologen bei der Lokalisierung eines Erdbebens. Die Laufgeschwindigkeiten dieser beiden Wellenarten sind – auch wenn sie in verschiedenen Gesteinsschichten variieren – ziemlich genau bekannt. Aus der zeitlichen Differenz zwischen beiden Wellen läßt sich also relativ einfach die Entfernung berechnen, in der das Beben seinen Ursprung gehabt haben muß. Vergleicht man nun die Seismogramme von mindestens drei an verschiedenen Orten installierten Seismographen, so erhält man durch einfache Triangulation den annähernden Ort des Bebens. In der Praxis sieht das, vereinfacht, so aus: Auf einer Landkarte zieht man um jeden Seismographen mit dem Zirkel einen Kreis, dessen Radius der jeweiligen, aus den Wellenlaufzeiten errechneten Entfernung des Bebens entspricht. Von der einen Meßstation mag das Beben 160 Kilometer entfernt sein, von der zweiten 300, von einer dritten schließlich 50 Kilometer. Wenn diese Entfernungen korrekt errechnet wurden, dann müssen sich die drei Kreise an einem bestimmten Punkt schneiden – dem Ort des Bebens.

Tatsächlich gibt man sich in der Regel nicht mit den Messungen dreier Stationen zufrieden – in der Regel nutzt man zur exakten Ortsbestimmung eines Bebens heute die Meßdaten von zehn, 20 oder gar 100 Erdbebenwarten. Diese Daten werden über Funk oder Kabel in einen Computer eingespeist, der binnen weniger Augenblicke nach einem Erdstoß eine exakte Ortsbestimmung errechnet.

In aller Regel jedoch ergibt sich aus dem Seismogramm eines

Seismographen, der in Kurven umgesetzten bildlichen Darstellung von Bodenbewegungen, auch für den geschulten Seismologen auf den ersten Blick kein ganz klares Bild. Gerade so wie Schallwellen von bestimmten Körpern reflektiert, gebrochen oder ›verschluckt‹ werden, verändern sich auch seismische Wellen, je nachdem, welche Umgebung sie durchlaufen: ein Vorhang vor einem Lautsprecher verändert das Klangbild, Geräusche im Nebenzimmer klingen durch eine Holzwand anders als durch eine Glastür – genauso werden seismische Wellen beim Durchlaufen verschiedenartiger Erdschichten unterschiedlich beeinflußt –, da gibt es Echos und Reflektionen der verschiedensten Art. Diese Störfaktoren, so erschwerend sie zunächst für eine Analyse des Seismogramms scheinen, sind letztlich für die Seismologen von besonderem Interesse: Mit ihrer Hilfe läßt sich nämlich eine weitere wichtige Frage beantworten – zur exakten Ortsbestimmung eines Erdbebens gehört nicht nur die Ermittlung eines Punktes auf der Landkarte, an dem das Beben seinen Ausgang genommen hat, sondern auch die der Tiefe unter der Erdoberfläche, in der jene ruckartige Verschiebung des Gesteins stattgefunden hat. Ersteres, den Ort an der Erdoberfläche *über* einem Erdbeben nennen die Seismologen das *Epizentrum*; dies ist jedoch nicht der eigentliche Ort des Bebens, sondern nur ein rechnerischer Bezugspunkt. Der eigentliche Erdbeben*herd* oder *Focus* liegt naturgemäß unter der Erdoberfläche. Die Tiefe dieses Bebenherdes ist von besonderer Bedeutung für die Wirkungen eines Bebens an der Oberfläche. Vereinfacht gesagt gilt: Je flacher ein Bebenherd liegt, desto größer ist seine Auswirkung an der über ihm gelegenen Oberfläche. Die seismischen Wellen tiefergelegener Bebenherde dagegen haben, bis sie die Erdoberfläche erreichen, meist einen großen Teil ihrer Energie verloren.

Die weitaus meisten Erdbeben ereignen sich in einer Tiefe von bis zu 60 Kilometern unter der Erdoberfläche, in Kalifornien beispielsweise liegen die Erdbebenherde sogar meist nur weniger als 15 Kilometer tief. Andererseits hat man auch schon Erdbebenherde in einer Tiefe von mehr als 700 Kilometern festgestellt. Für diese erstaunlichen Unterschiede gibt es eine im

Grunde recht einleuchtende Erklärung: Erdbeben können sich nur dort ereignen, wo das Gestein im Erdinnern relativ fest ist, also nur bis zu einer bestimmten Grenze elastisch – jenseits dieser Elastizitätsgrenze wird Druck an einem bestimmten Punkt in ruckartige Bewegung umgesetzt – in das Erdbeben. Die Erdkruste ist nun an verschiedenen Stellen unterschiedlich dick. Relativ unelastische, brüchige Teile dieser Kruste finden sich an bestimmten Stellen aber auch weit unterhalb der durchschnittlichen Plattendicke – da nämlich, wo Plattengrenzen ins Erdinnere hinabgedrängt werden und nur allmählich in Kontakt mit heißeren Schichten des Erdmantels abschmelzen. So erklärt sich, daß besonders dort, wo Krustenteile tief ins Erdinnere abgedrängt werden, auch Erdbeben mit besonders großen Herdtiefen registriert werden; in anderen Regionen hingegen, wo die Kontinentalplatten nicht über- oder untereinandergeschoben werden, sondern nur miteinander kollidieren, sich aneinander reiben, werden vornehmlich Beben mit Herdtiefen von wenigen Kilometern beobachtet.

Alarm an den Küsten: Tsunami!

Erdstöße versetzen nicht allein das Krustengestein unseres Planeten in Vibrationen unterschiedlichster Art – sie wirken sich unter bestimmten Voraussetzungen auch auf die Wassermassen der Weltmeere aus. Und diese von Erdbeben ausgelösten Meereswellen können an den Küsten weit größere Verwüstungen anrichten als die Schwingungen des Krustengesteins.

Am Abend des 15. Juni 1896 ereignete sich in der Tuscarora-Vertiefung, einem Ozeangraben, der einige hundert Kilometer östlich vor der Küste Japans liegt, ein Erdbeben. Die seismischen Wellen dieses Erdstoßes können auf den relativ weit vom Bebenherd entfernten japanischen Inseln kaum Schäden angerichtet haben – vermutlich war das Beben nur als ein leichtes Schwingen des Erdbodens und der auf ihm errichteten Gebäude spürbar. Jene Bewohner, die das Beben wahrnahmen, mögen es für eine der zahllosen kleinen Erschütterungen gehalten haben, die sich in dieser seismisch aktivsten Region unserer Erde mehrmals täglich ereignen. Die Menschen dort sind längst an dieses harmlose Rütteln gewöhnt, und so werden sie an jenem Abend im Juni 1896 nicht weiter beunruhigt gewesen sein und sich zum Abendessen gesetzt haben. Doch 50 Minuten nach dem scheinbar harmlosen Erdstoß erfüllte ein rasch anschwellendes Tosen die Luft, und Sekundenbruchteile später fegte eine gewaltige, mehr als dreißig Meter hohe Flutwelle über die Ostküste der japanischen Insel Honshu hinweg. Die schäumende Riesenwoge zertrümmerte mehr als 10 000 Wohnhäuser und riß über 25 000 Menschen in den Tod. Östlich des Epizentrums raste die Woge zu diesem Zeitpunkt auf die Hawaii-Inseln zu, wo sie einige Zeit später mit deutlich geringerer Gewalt, aber immer noch drei Meter hoch, die Küstenstreifen überflutete. Mehr als 11 Stunden nach dem Beben, am frühen Morgen des nächsten Tages, erreichten die Ausläufer der Welle das 8000 Kilometer entfernte San Francisco, wo sie freilich keinen Schaden mehr anrichteten. ›Tsunami‹ ist der Name für diese durch Erdbeben ausgelösten Flutwellen. Daß der Begriff aus dem Japanischen stammt ist kein Zufall: Diese Wellen werden vor allem an den Küsten des Pazifik beobachtet; im langjährigen Durchschnitt bildet sich einmal pro Jahr ein Zerstörungen anrichtender Tsunami – und in der Mehrzahl der Fälle treffen diese Katastrophen die japanischen Inseln.

Aber auch andere Küstenregionen rings um den Stillen Ozean werden von Tsunamis bedroht. Am 22. Mai 1960 ereignete sich unter dem chilenischen Küstengebirge eine Serie heftiger Erdbeben. Einige Minuten nach den ersten Erdstößen beobachteten die Küstenbewohner ein rätselhaftes Phänomen: Das Meer zog sich zurück, strömte von der Küste weg; wenige Minuten später lagen große Teile des Meeresbodens frei. Doch diese eigenartige ›Ebbe‹ dauerte nur zehn Minuten, dann kam das Meer zurück – in einer Folge gewaltiger Wogen, die, bis zu drei Meter hoch, in nahezu allen Städten an der chilenischen Küste zwischen dem 36. und 44. Breitengrad große Verwüstungen anrichteten. Auch dieser Tsunami raste mit einer Geschwindigkeit von über 400 Meilen pro Stunde quer über den Pazifik: 14 Stunden später traf er auf die Küsten von Hawaii. Die Woge zerschmetterte Hafenanlagen, warf Fischerboote aufs Land, wirbelte Autos wie Korken umher, spülte Highways und Brücken am Ufer fort – 61 Menschen ertranken. Noch katastrophaler war die Wirkung dieses Tsunami, der vor der Küste Chiles begann, im weit entfernten Japan: An den Küsten der Insel Honshu brandeten im 40-Minuten-Rhythmus mehr als 18 Stunden lang die Flutwellen und verwüsteten zahlreiche Fischerdörfer. 800 Menschen kamen in diesem nicht endenwollenden, immer aufs neue anschwellenden Flutinferno ums Leben.

Hawaii, Inselgruppe inmitten des Pazifik, ist, wie auch Japan, besonders tsunamigefährdet. Das zeigte sich zum Beispiel am 1. April 1946: Gegen zwei Uhr früh ereignete sich ein schweres Erdbeben im Gebiet der Aleuten, der Inselkette im Nordpazifik. Minuten später überrollte eine gewaltige, mehr als dreißig Meter hohe Woge den Leuchtturm von Scotch Cap auf der rund 100 Kilometer vom Epizentrum des Bebens entfernten Insel Unimak; der aus Stahlbeton errichtete Leuchtturm wurde von der Welle buchstäblich zerschmettert, und vier Menschen kamen ums Leben. Fünf Stunden lang raste die Flutwelle mit der Geschwindigkeit eines Jets über den Pazifik, dann war sie in Hawaii angelangt – hier maß der Tsunami immerhin noch eine Höhe von knapp 20 Metern. Über 1000 Gebäude an den Küsten Hawaiis wurden zerstört, 173 Menschen ertranken, weitere 163 wurden schwer verletzt. Es war die folgenschwerste Naturkatastrophe, die je über die Inselgruppe hereingebrochen war.

Das Tsunami-Desaster vom 1. April 1946 gab den Anstoß zur Einrichtung des »Seismic Sea Wave Warning System« (SSWWS) – eines Beobachtungs- und Alarmsystems im Pazifischen Ozean, dessen Hauptquartier sich im »Magnetic and Seismological Observatory« in Honolulu auf Hawaii befindet. Dieses Netz von Beobachtungsstationen wurde im Jahre 1948, zwei Jahre nach der Katastrophe auf Hawaii, in Betrieb genommen. Sein Zweck: Tsunamis möglichst früh zu erkennen, ihre Größe, Geschwindigkeit und Laufrichtung auszumachen, um so die Bevölkerung der gefährdeten Küstenregionen rechtzeitig evakuieren zu können. Seit 1965 ist das SSWWS Teil des »International Tsunami Warning Center«, einer internationalen, von der UNESCO unterstützten Behörde.

Herzstück dieses Warnsystems ist das Erdbebenobservatorium in Honolulu: Die Seismographen auf Hawaii registrieren jedes Erdbeben, das sich unter dem Meeresboden des Pazifik ereignet. Mit Hilfe der in weiteren, rings um den Stillen Ozean gelegenen Erdbebenwarten registrierten Daten und eines Computers werden innerhalb von wenigen Sekundenbruchteilen Epizentrum und Magnitude des Bebens errechnet. Ein zweiter

Rechner ermittelt inzwischen aus der Magnitude des Bebens, der Lage und Größe des Bebenherdes und der Wassertiefe am Epizentrum, ob dieses Beben einen Tsunami auslösen kann und wann die Flutwelle die umliegenden Küstenregionen erreichen wird. Zwar rasen Tsunamis mit einer Geschwindigkeit von rund sechs- bis achthundert Kilometern pro Stunde durch die Meere, aber wenigstens bei Beben, die sich weitab der Küsten ereignen, bleibt genügend Zeit, die Bewohner der gefährdeten Küstenstreifen zu evakuieren. Dieses Tsunami-Warnsystem, dem mittlerweile nahezu alle Nord- und Südpazifik-Anrainerstaaten angeschlossen sind, hat seine Bewährungsproben bisher bestanden. So zum Beispiel am 4. November 1952, als ein Erdbeben vor der Küste der UdSSR im Nordpazifik einen Tsunami auslöste. Die Flutwelle richtete auf Hawaii einen Sachschaden von fast einer Milliarde Dollar an, Menschen kamen aber nicht ums Leben. Sie waren der Tsunami-Warnung rechtzeitig gefolgt.

Seit vielen Jahrzehnten erforschen die Wissenschaftler Entstehung, Ausbreitungsverhalten und Wirkung der Flutwellen. Dennoch wissen wir längst nicht alles über die Tsunamis. Rätselhaft bleibt ihr Ursprung: Werden sie von unterseeischen ›Erdrutschen‹ ausgelöst? Entstehen Tsunamis womöglich, wenn sich Teile des Meeresbodens plötzlich infolge eines Erdbebens anheben oder absenken? Mit großer Wahrscheinlichkeit sind es solche plötzlichen Veränderungen des Meeresbodens, die diese Wellen auslösen: Wasser ist nicht komprimier- oder dehnbar, deshalb beeinflussen Veränderungen im Profil des Meeresbodens unmittelbar die Wassermassen darüber. Die Bewegung großer Wassermassen aber wirkt sich zwangsläufig und unmittelbar auch auf ganze Meere aus – geradeso wie sich ein Steinwurf in einen ruhigen Tümpel in Form von Wellen über größte Entfernungen fortsetzt.

Eine Reihe mit Phantasie und Sinn für spektakuläre Effekte, aber wenig Rücksichten auf die physikalischen Realitäten fabrizierter Katastrophenfilme hat vielen falschen Vorstellungen über diese Flutwellen Vorschub geleistet. Zuerst: Der Terminus Flutwelle ist insofern irreführend, als diese Wellen nichts mit den Gezeiten, mit Ebbe und Flut zu tun haben. Besser wäre es, von seismischen Meereswellen zu sprechen. Anders als die Desaster-Filme es zeigen, bewegen sich diese Wellen auch nicht weißschäumend über die Ozeane – die Katastrophenfilmer liegen gleich zweifach falsch: Erstens krönen sich Tsunamis auf dem offenen Meer nicht mit Wellenkämmen. Und zweitens bewegen sie sich weit schneller als die vergleichsweise gemächlich einherrollenden Brandungswellen in derartigen Filmen.

Das Besondere eines Tsunamis ist denn auch seine enorme Geschwindigkeit: Sie liegt, je nach Wassertiefe, nahe der Schallgrenze. In einer Wassertiefe von 7000 Metern rast ein Tsunami immerhin mit der Geschwindigkeit eines Jets von rund 900 Stundenkilometern vorwärts; in 2000 Meter tiefen Meeren sind es immerhin noch knapp 500 Stundenkilometer.

Zum zweiten: Obwohl gewaltige Wassermassen in Bewegung versetzt werden, wird einer Schiffsbesatzung, deren Fischkutter einen Tsunami durchfährt, kaum etwas Ungewöhnliches auffallen. Denn diese Wellen sind, solange sie über ein tiefes Meer dahinrasen und auf keine Küste treffen, ausgesprochen ›sanfte‹, lange Wellen: Die Entfernung von einem Wellental zum anderen kann mehr als 150 Kilometer betragen, und die Amplitude, die Höhe der Welle also, mißt in der Regel kaum mehr als ein, zwei Meter.

Die Lage verändert sich drastisch erst dann, wenn abnehmende Wassertiefen oder gar steil ansteigende Meeresböden an den Küsten dieses labile Gleichgewicht der dahinrasenden Wassermassen stören. Dann gehorchen die Tsunamis unweigerlich den Gesetzen der Physik, und die besagen in diesem Fall vor allem zweierlei: Mit abnehmender Wassertiefe muß der Tsunami seine Geschwindigkeit verringern. Das läßt sich, weil der Vorgang nach physikalischen Gesetzen abläuft, recht genau kalkulieren. Man weiß, wie schnell Tsunamis in verschiedenen Wassertiefen laufen: In 9000 Meter tiefem Wasser erreichen sie 1078 Stundenkilometer, in 3675 Meter Wassertiefe genau 682, in 182 Meter tiefem Wasser nur noch 151 Stundenkilometer und bei 18 Meter Wassertiefe gar nur noch ›Ortsgeschwindigkeit‹, knapp 50 Kilometer in der Stunde.

Die zweite Grundregel besagt: Was da an Geschwindigkeit, an Bewegungsenergie verlorengeht, muß umgesetzt werden. Im Falle unseres auf immer flachere Küstengewässer auflaufenden Tsunami wird die kinetische Energie in Höhe umgesetzt – die Wellenlänge schrumpft, die Amplitude der Welle nimmt zu. Man kann sich das sehr anschaulich klarmachen, wenn man das Verhalten von Brandungswellen beobachtet: Auch sie türmen sich um so höher auf, je flacher das Wasser wird, und laufen schließlich weit über dem Niveau der höchsten Wellenkämme auf den Strand, um dann wieder zurückzufluten. So verhalten sich auch Tsunamis, wenn sie auf eine Küste treffen: Selbst seismische Meereswellen, deren Amplitude auf hoher See nur einen oder zwei Meter beträgt, werden in flacherem Wasser sehr hoch und können Küstenlandstriche, die 20 bis 30 Meter über dem Meeresspiegel liegen, bis zu zwei, drei Kilometern landeinwärts verwüsten. Die ›Tsunami-Wellenhöhen‹ von 20 oder 30 Metern sind allerdings mißverständliche Größen: Sie variieren ja je nach Geschwindigkeit bzw. Wassertiefe; solche Angaben bezeichnen meist die Höhe, bis zu der die Wellen an Land aufgelaufen sind. Tsunamis transportieren gewaltige Energiemengen und können daher auch massive Hafenanlagen und Bauwerke in Ufernähe völlig zerschmettern. Eine neun Meter hohe Tsunami-Welle, die mit einer Geschwindigkeit von rund 75 Stundenkilometern auf ein Hindernis trifft, übt einen Druck von fast 50 Tonnen pro Quadratmeter aus – das entspricht etwa dem Gewicht von 30 vollbeladenen Lastzügen auf der Decke eines mittelgroßen Wohnzimmers! Besonders verheerend sind die Auswirkungen seismischer Meereswellen in trichterförmigen, sich verengenden Buchten oder Häfen: In derartigen Trichtern laufen die Wellen besonders hoch auf und können auch relativ weit im Inland hochgelegene Regionen überfluten.

Einer der anschaulichsten Augenzeugenberichte über die Wirkungen eines Tsunamis stammt von Charles Darwin. Er erlebte an Bord des Seglers *Beagle* vor der chilenischen Küste den Tsunami vom 20. Februar 1835:

»Kurz nach dem Erdbeben sah man in einer Entfernung von

drei oder vier Meilen eine große Welle, die sich auf die Bucht zubewegte. Die Welle hatte keinen eigentlichen Kamm, sondern war geglättet; aber wo sie am Ufer entlanglief, wirbelte sie Hütten und Bäume durcheinander – sie schien eine gewaltige Kraft zu haben. Am Ende der Bucht brach sich die Welle, schäumte weiß auf und brandete am Ufer auf, wobei sie fast acht Meter über die höchste Hochwassermarke hinaufstieg. Sie muß unvorstellbare Kräfte gehabt haben, denn die über vier Tonnen schwere Kanone am Fort wurde mitsamt ihrer Lafette um fünf Meter landeinwärts versetzt. Inmitten der Ruinen fand man später einen Schoner – die Welle hatte ihn fast 200 Meter aufs Land hinaufgespült. Der ersten Woge folgten zwei weitere, die, als sie zurückfluteten, riesige Mengen Treibgut fortspülten. In einem Teil der Bucht wurde ein Schiff von der ersten Welle aufs Land geworfen, von der zweiten wieder ins Meer gespült und von der dritten wiederum an Land geworfen. An einer anderen Stelle wurden zwei nahe beieinander vor Anker liegende Schiffe herumgewirbelt, so daß ihre Ankerketten nachher umeinandergewickelt waren . . .«

In Europa sind Tsunamis ein recht selten beobachtetes Phänomen. Die bislang schwerste von einem Erdbeben ausgelöste Flutkatastrophe im Europa der Neuzeit ereignete sich am 1. November 1775, als die Stadt Lissabon von einem starken Beben erschüttert wurde. Zwanzig Minuten nach dem Erdstoß überflutete ein Tsunami große Teile der Stadt. Die bis zu 15 Meter hoch aufbrandende Flutwelle lief die gesamte portugiesische Küste entlang, richtete in britischen, französischen und holländischen Häfen erhebliche Zerstörungen an, überquerte schließlich den Südatlantik und erreichte in Barbados, Antigua und anderen westindischen Inseln immerhin noch die respektable Höhe von vier Metern.

Mit einem Tsunami ging möglicherweise auch der Untergang des Sagenkontinents Atlantis einher: Einige durchaus seriöse Wissenschaftler glauben zuverlässige Anhaltspunkte dafür gefunden zu haben, daß dieses Atlantis in der Ägäis gelegen hat – die Vulkaninsel Santorin, so sagen sie, sei die ›Ruine‹ des untergegangenen Atlantis. Dieser Untergang, den man etwa um

1500 v. Chr. datiert, könnte sich so abgespielt haben: Ähnlich wie beim Ausbruch des Mount St. Helens im US-Bundesstaat Washington im Jahre 1980, könnte sich unter der Insel Santorin damals eine gewaltige Blase flüssigen Magmas gebildet haben, die schließlich die Vulkaninsel regelrecht in die Luft sprengte. Daß solche Eruptionen gewaltige Flutwellen auslösen können, weiß man seit dem Ausbruch des Krakatau in Indonesien im Jahre 1883. In der mit Inseln übersäten Ägäis muß ein solcher Tsunami katastrophale Folgen gehabt haben – möglicherweise waren die vom Santorin-Ausbruch ausgelösten Flutwellen Ursache für den rätselhaften, bisher kaum geklärten Untergang der minoischen Zivilisation auf Kreta. Auf zahlreichen Ägäis-Inseln jedenfalls haben die Geologen untrügliche Beweise dafür gefunden, daß vor Tausenden von Jahren eine gewaltige Flut diese Region des Mittelmeeres heimgesucht hat.

Auch in unseren Tagen ist das Mittelmeer tsunamigefährdet: Griechenland mit seinen vielen hundert Inseln ist die seismisch aktivste Region in Europa, und zahlreiche der hier registrierten Erdbeben ereignen sich unter dem Meeresboden. Beim Zusammentreffen ungünstiger Umstände ist es durchaus denkbar, daß eines dieser Beben einen Tsunami auslösen könnte – dann etwa, wenn ein starkes Beben mit einer geringen Herdtiefe plötzliche Veränderungen am Meeresboden oder ›Erdrutsche‹ unter Wasser versursacht.

Daß dies nicht nur reine Hypothese ist, wurde im Jahre 1956 deutlich, als sich nahe der Kykladeninsel Amorgos ein Erdbeben der Magnitude 7,8 ereignete. Dem Erdstoß folgte eine Flutwelle, die an den Küsten von Amorgos bis zu einer Höhe von 40 Metern aufbrandete und auch auf Patmos, Kreta und Milos erhebliche Schäden anrichtete. Griechenlands Inselwelt ist, das zeigte sich damals, besonders gefährdet: Denn anders als im Pazifik, wo wegen der großen Entfernungen und dank des bewährten Tsunami-Warnsystems die Bewohner der bedrohten Küstenregionen rechtzeitig evakuiert werden können, wäre im östlichen Mittelmeer die Vorwarnzeit erheblich kürzer – zu kurz, um auf den einem Epizentrum benachbarten Inseln Vorsorge zu treffen: Der Tsunami des Jahres 1956 brandete bereits wenige Minuten nach dem Erdbeben an die Küste der Insel Amorgos und erreichte das rund 100 Kilometer Luftlinie entfernte Milos bereits eine knappe Viertelstunde später.

Nachdem das bisher als ›bebenfrei‹ geltende Athen im Februar 1981 von einer Serie kräftiger Erdstöße geschüttelt wurde, wurde in Griechenland darüber nachgedacht, wie man mit den Folgen einer Erdbebenkatastrophe organisatorisch fertig werden könne. Mittlerweile haben die griechischen Behörden eine ganze Reihe von Notfallplanungen entwickelt. Die keineswegs abwegige Möglichkeit eines Tsunami aber wurde in diese Überlegungen erstaunlicherweise nicht einbezogen.

Erdbeben werden meßbar

Die Entwicklung des Seismographen in der Mitte des 19. Jahrhunderts hat nicht nur die Möglichkeit eröffnet, Ort, Zeitpunkt
und Dauer eines Erdbebens immer exakter zu bestimmen.
Seismographen geben auch zuverlässige objektive Antworten
auf die Frage, wie stark, wie heftig ein Erdbeben ist.
Wir verfügen über eine große Zahl von Erdbebenberichten aus
voraufgegangenen Jahrhunderten. In China reichen diese Aufzeichnungen gar mehr als 2500 Jahre zurück. Viele dieser
Berichte sind recht detailliert, aber dennoch ist es meist schwer,
sich aus ihnen ein zuverlässiges Bild von der tatsächlichen
Intensität eines Erdbebens zu machen. Der Grund dafür liegt
auf der Hand: Solche Berichte sind das Ergebnis meist unsyste-
matischer, subjektiver Beobachtungen. Gerade ein so ungewöhnliches, furchteinflößendes Ereignis wie ein Erdbeben aber
beeinflußt in aller Regel das Wahrnehmungs- und Erinnerungs-
vermögen der Menschen. Viele dieser Berichte sind überdies
viele Male tradiert worden und wurden möglicherweise im
Laufe der Zeit verändert. Auch objektivierbare Aufzeichnungen über die von einem Erdbeben ausgelösten Schäden an
Gebäuden lassen nur einen sehr ungefähren Rückschluß auf die
Stärke des Bebens zu – denn das Ausmaß der Schäden hängt ja
wesentlich von der Entfernung zum Bebenherd, dessen Tiefe
und der Stabilität der Bausubstanz ab.
Eine der ersten wirklich systematischen, aussagefähigen Aufzeichnungen über die Intensität und Auswirkungen eines Erdbebens stammt aus dem Jahre 1857. Damals zerstörte ein gewal-

tiger Erdstoß weite Landstriche im südlichen Italien. Der irische Ingenieur Robert Mallet reiste knapp zwei Monate nach diesem Erdbeben in das Katastrophengebiet und sammelte in achtwöchiger Arbeit akribisch alle ihm erreichbaren Informationen über die Auswirkungen dieses Erdbebens – es war die erste wissenschaftliche Feldstudie über die Wirkungen eines großen Erdbebens. Einzelbeobachtungen über Gebäudeschäden und Bodenbewegungen trug Mallet in eine Karte ein. Punkte mit gleichartigen Schäden verband er mit Linien auf dieser Karte – so entstanden *isoseismische* Linien, die sich mehr oder weniger kreisförmig um das mutmaßliche Zentrum des Erdbebens zogen. Aber nicht nur den Ursprungsort des Bebens konnte Mallet mit dieser Karte ermitteln. Aus den in geringerem Maße auftretenden Schäden in größerer Entfernung vom Bebenzentrum ließen sich gleichzeitig wichtige Aufschlüsse über die Stärke der Erdbebenwellen und ihr Ausbreitungsverhalten gewinnen.

Mallets Methode zur Ermittlung der Stärke eines Erdbebens basierte im wesentlichen darauf, seine Wirkungen auf Gebäude und die von ihm hervorgerufenen Veränderungen der Erdoberfläche – wie Erdrutsche u. ä. – systematisch zu ermitteln und sorgfältig zu kartographieren. Für viele Jahrzehnte blieb diese Technik dominierend. Der italienische Wissenschaftler de Rossi und sein Schweizer Kollege Forel systematisierten diesen Ansatz in den achtziger Jahren des 19. Jahrhunderts durch die Aufstellung einer zehnstufigen Intensitätsskala zur vergleichenden Messung von Bebenintensitäten. Im Jahre 1902 dann publizierte der italienische Seismologe Guiseppe Mercalli eine weiter verfeinerte, zwölfstufige Intensitätsskala. Diese *Mercalli-Skala* ist, über die Jahrzehnte mehrmals modifiziert, heute eine der gebräuchlichsten Intensitätsskalen.

Die modifizierte Mercalli-Skala

Intensität	Auswirkungen
I	Vom Menschen nicht wahrgenommen, nur von Seismographen registriert.
II	Nur von einzelnen, in Ruhe befindlichen Personen in oberen Stockwerken wahrgenommen.
III	Wahrgenommen von einigen Personen innerhalb von Gebäuden als leichte Vibration, ähnlich jenen, wie sie von vorbeifahrenden Lastwagen ausgelöst werden.
IV	Von den meisten Personen innerhalb eines Gebäudes und von einigen auf der Straße wahrgenommen. Schlafende erwachen in einigen Fällen. Fenster und Türen knarren. Stehende Autos geraten in leichte Schwingungen.
V	In Gebäuden von allen Personen wahrgenommen, auf der Straße von den meisten. Hängelampen schaukeln, Bilderrahmen verrutschen, Schranktüren können sich öffnen.
VI	Von allen Personen innerhalb und außerhalb von Gebäuden wahrgenommen. Schlafende erwachen. Viele Menschen laufen auf die Straße. Kleinere Glocken werden zum Läuten gebracht, Möbelstücke bewegen sich. Risse im Verputz.
VII	Löst allgemeine Furcht aus. Menschen in Gebäuden können sich vielfach nur durch Festhalten an einer Wand auf den Beinen halten. Auch große Glocken beginnen zu läuten. Geringe Schäden an gut konstruierten Gebäuden, deutliche Schäden an schlecht ausgeführten Häusern: Risse in Wänden und an Schornsteinen.
VIII	Erhebliche Gebäudeschäden an Ziegelbauten. Gebäudeteile stürzen ein. Möbelstücke stürzen um. Fahrende Autos geraten aus der Spur.
IX	Allgemeine Panik. Schwächere Bauten stürzen ein, Kamine brechen zusammen. Schäden an Staudämmen und Wasserleitungen.

Intensität	Auswirkungen
X	Schwere Schäden an Staudämmen und Brücken. Tiefe Risse in betonierten und asphaltierten Straßen. Viele Gebäude stürzen ein. Eisenbahngleise werden verbogen. Erdrutsche.
XI	Zahlreiche Spalten in der Erdoberfläche. Die meisten gemauerten Gebäude stürzen ein, erhebliche Schäden auch an Stahlbetonbauten. Eisenbahngleise werden auseinandergerissen. Unterirdisch verlegte Wasser- und Stromleitungen werden zerstört.
XII	Totale Zerstörung. Nahezu alle Bauten stürzen ein oder werden schwer beschädigt. Autos stürzen um, schwere Objekte werden in die Luft gehoben.

(nach H. O. Wood und F. Neumann)

Für Verwirrung sorgt meist der Umstand, daß es nicht nur eine, sondern mehrere unterschiedlich überarbeitete Mercalli-Skalen gibt und, neben diesen, auch noch eine Reihe weiterer, in bestimmten Ländern gebräuchlicher, meist ebenfalls zwölfteiliger Intensitätsskalen, die gleichfalls die Namen ihrer Urheber tragen – zum Beispiel die Cancani-, Siegberg-, Medvedev-, Karnik- und Sponheuer-Skalen. Um die Verwirrung komplett zu machen: Vielfach werden auch aktualisierte Kombinationen mehrerer dieser Intensitätsskalen benutzt. Sie alle sind einander zwar ähnlich in der Definition der einzelnen Intensitätsstufen, stimmen aber eben nicht in allen Einzelheiten überein.

Schon der Umstand, daß es eine solche Vielfalt von Intensitätsskalen gibt, zeigt, wie schwierig es offenbar ist, *makroseismische Phänomene* zu systematisieren. All diese makroseismischen Skalen basieren ja nicht auf instrumenteller Messung von Bodenbewegungen, sondern auf der Beobachtung jener Effekte, die durch diese Bodenbewegungen ausgelöst werden – von Gebäudeschäden bis hin zu Reaktionen von Menschen und, in einigen Fällen, auch von Tieren. Zum einen ist es nun in der Praxis kompliziert, die Vielfalt unterschiedlicher Erdbebenauswirkungen, die sich ja unter Umständen über ein Gebiet von Tausenden von Quadratkilometern bemerkbar machen, eindeutig der einen oder anderen Stufe dieser makroseismischen Skalen zuzuordnen; zum zweiten: Welche Auswirkungen ein Beben auf die Bausubstanz hat, hängt nicht allein von seiner tatsächlichen Stärke ab, sondern ganz wesentlich auch von der Beschaffenheit der Gebäudestrukturen und der Art des Untergrundes, der – je nach Konsistenz – von den Erdbebenwellen unterschiedlich stark in Bewegung versetzt wird.

Nehmen wir zum Beispiel das Phänomen ›Erdrutsch‹, das in der modifizierten Mercalli-Skala der Stufe X, in anderen makroseismischen Skalen auch der Stufe XI zugeordnet wird. Je nach Beschaffenheit des Geländes aber treten große Erdrutsche auch bei sehr viel schwächeren Beben auf. In der Praxis nimmt man daher meist Zuflucht zu einem Kompromiß: Man beschreibt die Intensität eines Erdbebens mit einer Kombination aus zwei oder gar drei Stufen dieser makroseismischen Skalen. Auch diese Klassifizierung allerdings gilt dann nur für einen sehr begrenzten geographischen Bereich, über dessen Entfernung vom Erdbebenherd ebensowenig ausgesagt ist wie über die Intensität des Bebens in möglicherweise dem Bebenzentrum näher gelegenen oder weiter entfernten Regionen. Ein zuverlässiges Bild von der wirklichen Intensität eines Erdbebens ergibt sich also nur dann, wenn man makroseismische Beobachtungen an einer möglichst großen Zahl von Orten miteinander in Beziehung setzt, sie sorgfältig kartographiert und, wie einst Robert Mallet anläßlich des neapolitanischen Erdbebens im Jahre 1857, isoseismische Linien (auch Isoseisten genannt) ermittelt, aus denen sich dann Rückschlüsse über das ungefähre Zentrum des Bebens und seine tatsächliche Stärke gewinnen lassen.

Die makroseismischen Skalen können also zur annähernden Klassifizierung von Erdbeben und auch zur nachträglichen Einordnung von Bebenkatastrophen in voraufgegangenen Jahrhunderten gute Dienste leisten und die durch ein Beben hervorgerufenen Zerstörungen anschaulich machen. Sie können vor allem – und das macht ihren hauptsächlichen Vorteil aus –

wichtige Aufschlüsse über die Beschaffenheit des Bodens und seine Reaktionen auf seismische Wellen geben. Das Sammeln makroseismischer Beobachtungen gehört daher zu den Pflichtübungen der Seismologen nach einem Erdbeben. Meist werden die Bewohner des Bebengebietes gebeten, Fragebogen, die auf einer der gebräuchlichen makroseismischen Skalen basieren, auszufüllen. Gebäudeschäden werden gleichfalls sorgfältig registriert und ausgewertet. Die so gewonnenen Isoseisten geben dann auch den Statikern wichtige Aufschlüsse über die Stabilität ihrer Konstruktionen bei bestimmten Bodenbeschaffenheiten. Eine recht detaillierte isoseismische Karte hat der amerikanische Geologe H. O. Wood für die Halbinsel von San Francisco nach dem Erdbeben von 1906 angefertigt. Diese Karte dient noch heute Architekten und Statikern als wichtiger Anhaltspunkt für die im Falle eines neuen Erdbebens zu erwartenden Bodenbewegungen in verschiedenen Regionen der Stadt am Golden Gate.

So wertvoll diese makroseismischen Beobachtungen auch sind, so untauglich sind sie zur wirklich exakten Quantifizierung jener physikalischen Vorgänge, die sich bei einem Erdbeben abspielen.

Um die grundlegenden Mechanismen eines Erdbebens verstehen, um Erdbeben miteinander vergleichen zu können, bedarf es eines Maßes, daß, anders als diese Intensitätsskalen, nicht von Zufällen wie der Bevölkerungsdichte in einem Bebengebiet, individuellen Beobachtungen oder der Art des Untergrundes und dem Zustand der Bausubstanz abhängig ist. Eine solche, strikt quantitative Methode zur Messung von Erdbeben entwickelte im Jahre 1935 der amerikanische Seismologe Charles F. Richter. Diese *Richter-Skala* ist, inzwischen weiter verfeinert und modifiziert, bis heute das wichtigste Instrumentarium zur Messung der tatsächlichen, objektiven Stärke eines Erdbebens – seiner *Magnitude*.

Charles Richters Magnitudenskala unterschied sich prinzipiell von den bis dahin gebräuchlichen Intensitätsskalen – beide Methoden der Erdbebenmessung haben kaum etwas miteinander gemein und lassen sich daher auch nur sehr bedingt zueinander in Beziehung setzen. Richters Methode – und das war das eigentliche Neue – mißt die Stärke eines Erdbebens gewissermaßen an seiner Quelle. Als Meßinstrument verwendete Charles Richter, anders als Mallet und Mercalli, nicht die Wahrnehmungen der Bevölkerung in einem Erdbebengebiet, sondern die Aufzeichnungen eines Seismographen. Die (theoretische) Überlegung dabei war, die Seismogramme eines in genau 100 Kilometer Entfernung vom Epizentrum eines Erdbebens aufgestellten Seismographen als Meßdaten zu verwenden und die Stärke des Erdbebens, seine Magnitude, nach den mehr oder minder heftigen Ausschlägen auf diesem Seismogramm, der *Amplitude* der registrierten Erdbebenwellen zu bemessen. Die Magnituden der Erdbeben variieren nun ganz gewaltig, und infolgedessen werden auf den Seismogrammen auch Amplituden ganz unterschiedlicher Größenordnungen verzeichnet. Zur rechnerischen Vereinfachung benutzt die Richter-Skala daher einen mathematischen Trick: Charles Richter definierte die Magnitude eines Erdbebens als den Logarithmus zur Basis 10 der größten auf einem genau definierten Seismographentyp in 100 Kilometer vom Epizentrum eines Erdbebens registrierten Amplitude. Das hört sich auf den ersten Blick kompliziert an, ist aber in Wirklichkeit eine recht praktikable Methode: Zwar entsprechen nicht alle, ja nicht einmal die Mehrzahl der heute gebräuchlichen Seismographen dem von Charles Richter 1935 zum Standardmodell erkorenen Wood-Anderson-Gerät. Und auch die Forderung, daß der Seismograph exakt in 100 Kilometer Entfernung vom Epizentrum aufgestellt sein muß, ist in der Praxis natürlich nicht zu erfüllen. Aber mit einigen einfach zu handhabenden Umrechnungstabellen läßt sich auch Tausende Kilometer von einem Epizentrum entfernt anhand des Seismogramms eines x-beliebigen Seismographentyps die von Charles Richter definierte Magnitude eines Bebens sehr genau bestimmen – zumal dann, wenn man die in verschiedenen Erdbebenwarten gewonnenen Daten miteinander vergleicht. Und genau das ist mit der von Charles Richter entwickelten Methode sehr leicht möglich: Anders als mit makroseismischen Skalen, läßt sich mit der Richter-Skala die Magnitude, also vereinfacht gesagt die Energie eines Erdbebens, ohne aufwendige und langwierige Feldstudien auch aus größten Entfernungen und innerhalb von wenigen Minuten ermitteln. Gleichzeitig erhält man durch den Vergleich verschiedener Seismogramme ziemlich zuverlässige Aufschlüsse über das Epizentrum des Bebens und die Tiefe und Größe seines Herdes. In der Praxis liefert daher der mit Hilfe der Richter-Skala ermittelte Magnitudenwert wichtige Anhaltspunkte über die vermutlichen Schäden eines Erdbebens – und das dank der Möglichkeiten der elektronischen Datenübertragung und -verarbeitung recht schnell.

Auch die Richter-Skala ist seit ihrer Einführung im Jahre 1935 mehrmals modifiziert und neueren Erkenntnissen der Seismologie angepaßt worden. Die Erdbebenwissenschaftler berechnen heute Magnituden verschiedener Art, was für den Laien, der in den Zeitungen oft fälschlich als ›Intensität‹ oder ungenau als ›Stärke‹ wiedergegebene Magnitudenziffern findet, die oft genug auch noch mit den gänzlich andersartigen Intensitäts-Kategorien der makroseismischen Skalen verwechselt werden, höchst verwirrend ist. Als ein simples Unterscheidungsmerkmal zwischen Intensitäts- und Magnitudenskalen kann gelten, daß erstere meist in römischen Ziffern abgefaßt werden, während die diversen Variationen der Richter-Skala in arabischen Ziffern und Dezimalstellen ausgedrückt sind. Anders als die meisten zwölfstufigen Intensitätsskalen ist die Magnitudenskala auch nicht nach oben hin begrenzt – denn sie berechnet ja die bei einem Erdbeben freigesetzte Energiemenge, deren größtes Maß von einem ›größten aller Erdbeben‹, dessen Magnitude wir nicht kennen, definiert wird.

Obwohl die Richter-Magnitudenskalen in gewissem Sinne eher mathematische, für den Laien theoretische Größenordnungen liefern, lassen sich ihre Zahlen doch in eine ungefähre Beziehung zur beobachteten Intensität von Erdbeben setzen.

Selbst in der engeren Umgebung des Epizentrums sind Erdbeben einer Magnitude von bis zu 2,0 auf der Richter-Skala für den Menschen kaum wahrnehmbar. Beben der Magnitude 2,0 bis 4,0 werden, unter bestimmten Umständen, bis zu einer Entfernung von 80 Kilometern vom Epizentrum von in Ruhe

befindlichen Personen wahrgenommen: Beben der Magnitude
4,5 und darüber können in der Nähe des Epizentrums Schäden
verursachen; Erdbeben mit einer Magnitude von 7,0 gelten als
›große‹ Beben, solche mit einer Magnitude von mehr als 7,75 als
›katastrophale‹ oder ›zerstörerische‹ Erdbeben.

Wie gesagt: Im Prinzip sind Magnitudenskalen und Intensitätsskalen kaum miteinander vergleichbar, weil sie ganz unterschiedliche Größen messen, obwohl natürlich zwischen beiden
eine – wenn auch unter verschiedenen Bedingungen höchst
unterschiedliche – Beziehung besteht. Eine annähernde Korrelation zwischen beiden Maßsystemen könnte etwa so aussehen:

Magnitude (R)	*Intensität* (mod. Mercalli) in der Nähe des Epizentrums	
bis 2,9	I –	II
3,0 – 3,9	II –	III
4,0 – 4,9	IV –	V
5,0 – 5,9	VI –	VII
6,0 – 6,9	VII –	VIII
7,0 – 7,9	IX –	X
8,0 und darüber	XI –	XII

Bei der gedanklichen Umrechnung von Magnituden in tatsächliche Erdbebenschäden darf man allerdings eine wesentliche
mathematische Grundlage der Richter-Skala nicht außer acht
lassen – den Umstand nämlich, daß es sich hierbei um eine
logarithmisch aufgebaute Skala handelt.

Der Schritt von einer Ziffer zur nächsten auf dieser Skala,
beispielsweise von 4,0 zu 5,0, steht für eine Verzehnfachung
der vom Seismographen aufgezeichneten Wellenamplitude und
sogar für eine Zunahme der von dem jeweiligen Beben freigesetzten Energie um das 31fache. Die Amplitude eines Erdbebens der Magnitude 8,4 ist also nicht etwa doppelt so groß wie

die eines 4,2-Beben sondern 10000mal so groß; und ein Beben der Magnitude 8,4 setzt nahezu eine Million mal soviel Energie frei wie das Erdbeben der Magnitude 4,2.

Anschaulich wird diese oft übersehene Besonderheit der Richter-Magnitudenskala, wenn man die Magnituden und die freigesetzten Energiemengen einiger bekannter Erdbeben miteinander vergleicht. Als Maßeinheit für die freigesetzte Energiemenge verwenden wir eine Tonne des Sprengstoffs TNT:

Beben	Magnitude	Energie (in Tonnen TNT)
San Francisco, 1957	5,3	500
El Centro, Ca. 1940	7,1	250 500
San Francisco, 1906	8,2	12 550 000
Anchorage, Alaska, 1964	8,5	31 550 000

Im langjährigen Mittel liegt die jährlich durch Erdbeben freigesetzte Energiemenge bei etwa 10^{25} erg – das entspricht, grob gerechnet, einigen hundert Milliarden Kilowattstunden elektrischer Energie, genug, um die Bundesrepublik, Österreich und die Schweiz ein Jahr lang mit Strom zu versorgen! Und diese gewaltigen Energiemengen werden innerhalb weniger Sekunden freigesetzt, denn sie gehen zum allergrößten Teil auf das Konto einiger weniger schwerer Erdbeben. Nicht nur die im Jahresmittel freigesetzte Bebenenergie bleibt ziemlich konstant, auch die Verteilung der weltweit registrierten Erdbeben auf verschiedene Magnitudenklassen ändert sich innerhalb von Jahrzehnten nicht wesentlich.

Die Seismographen rund um den Globus registrieren diese Größenordnungen:

Magnitudenklasse	Anzahl der Beben pro Jahr
3,0—3,9	über 100 000
4,0—4,9	15 000
5,0—5,9	3 000
6,0—6,9	100
7,0—7,9	20
8,0—	2

Die jährliche Anzahl der Erdbeben mit einer Magnitude von unter 3 läßt sich nur ungefähr abschätzen. Zwar registrieren sehr empfindliche Seismographen sogar Erdstöße mit negativen Magnituden, also etwa Beben der Stärke −1 oder −2, aber zur exakten Erfassung all dieser Mikroerdbeben bedürfte es eines ungeheuren technischen Aufwandes, wenn es gilt, Daten (zum Beispiel aus den Ozeanen) zu gewinnen und zu verarbeiten. Man kann die Größenordnung dieser Beben mit einer kleineren Magnitude als 3,0 auf mehr als eine Million, vielleicht sogar eine Milliarde pro Jahr schätzen, also rund 3000 bis 30 000 pro Tag. Die von diesen Beben freigesetzten Energiemengen sind aber, trotz der ungeheuer großen Anzahl der Erdstöße, nahezu unbedeutend im Vergleich zur auch nur von einem einzigen mittelschweren Erdbeben freigesetzten Energie.

New Madrid, 16. Dezember 1811

Am 16. Dezember des Jahres 1811 werden die 800 Bewohner des Ortes New Madrid im amerikanischen Bundesstaat Missouri um zwei Uhr früh aus dem Schlaf gerissen. Die Wände und Decken der meist aus Holz gebauten Häuser geraten in wilde Schwingungen; Kamine und die wenigen aus Mauerwerk errichteten Bauten brechen krachend in sich zusammen und hüllen die Szenerie in eine gewaltige Staubwolke. Während in den Wohnungen Betten, Tische, Stühle und Schränke einen wilden Tanz vollführen, rennen die Menschen in panischer Angst auf die Straßen. Sie alle verbringen die Nacht im Freien, denn immer wieder in den nächsten Stunden folgen neue Erschütterungen. Nur dem Umstand, daß die allermeisten Wohnhäuser in dieser ohnehin im Jahre 1811 noch dünnbesiedelten Gegend aus Holz gebaut sind, ist es zu verdanken, daß alle Einwohner aus New Madrid diese gewaltigen Erdstöße in jener Winternacht überleben.

Als der Morgen dämmert, bebt die Erde erneut, stärker diesmal noch als in der Nacht. »Der Boden geriet in wilde Bewegungen, wie die See im Sturm. Begleitet von explosionsartigem Knallen öffneten sich tiefe Spalten ... einige von diesen schnappten sofort wieder zu, an anderen Stellen taten sich Risse in der Erdoberfläche in einer Breite von 30 Fuß (zehn Metern) auf ...« berichtet ein Augenzeuge. Ganze Häuserblocks werden um mehr als zwei Meter in die Höhe gehoben, andere sacken ebenso tief ab. Schlammiges Grundwasser schießt aus den Erdspalten; auf dem Mississippi branden gewaltige Wogen auf, zertrümmern am Ufer vertäute Schiffe, und der riesige Strom ändert für Minuten seine Richtung: statt von Nord nach Süd fließt das Wasser in umgekehrter Richtung, das Flußbett hinauf.

Noch Hunderte Meilen vom Epizentrum des Bebens entfernt werden vertikale Bodenbewegungen von bis zu sechs Metern beobachtet. Was einst ein See am St. Francis River war, verwandelt sich in wenigen Minuten in eine Fläche feuchten Sandes, auf der Hunderttausende verendender Fische zappeln.

Aber nicht nur im Staate Missouri verändert diese Bebenserie die Landschaft und versetzt Menschen in Panik. In Boston, 2000 Kilometer entfernt, bringen die Erdstöße Pendeluhren zum Stillstand und lassen Glocken läuten; in Virginia fällt der Putz von den Wänden; und in Pittsburgh, 900 Kilometer vom Epizentrum entfernt, brechen Schornsteine krachend von den Dächern.

Über ein Jahr lang zittert nach dieser Schreckensnacht die Erde in ganz Nordamerika. Zahlreiche Nachbeben, an manchen Tagen gar vier oder fünf, bringen bis zum Ende des Jahres 1812 immer neue Gebäude zum Einsturz. Die stärksten dieser Erdstöße sind noch im kanadischen Quebec und in Mexiko zu spüren.

Diese Erdbebenserie, die in der Nähe des Epizentrums eine Intensität von XI auf der Mercalli-Skala erreichte, ist gleich in mehrfacher Hinsicht von Bedeutung für die Seismologen. Mit einer nachträglich geschätzten Magnitude von 8,75 auf der Richter-Skala gehören die stärksten Stöße dieser Bebenserie zu den weltweit gewaltigsten Erdbeben. Ungewöhnlich ist auch die große Zahl der äußerst heftigen, über einen sehr langen Zeitraum andauernden Nachbeben nach jenem ersten Stoß am frühen Morgen des 16. Dezember. Und schließlich: Daß sich dieses nach unserem Wissen schwerste Erdbeben auf dem amerikanischen Kontinent ausgerechnet weit abseits der sonst so erdbebenträchtigen Plattengrenzen ereignete, gibt den Seismologen bis heute zu denken – das Erdbeben von New Madrid und eine Reihe weiterer schwerer Erdstöße im Osten der USA sind ein untrüglicher Beweis dafür, daß schwere und schwerste Beben keineswegs auf die Regionen längs der Plattengrenzen beschränkt sind. Offenbar bauen sich auch innerhalb der nordamerikanischen Platte, aber auch, wie zahlreiche schwere Beben in der Sowjetunion und in Zentralchina beweisen, innerhalb anderer Kontinentalplatten, immer wieder gefährliche Spannungszustände im Krustengestein auf, die sich dann plötzlich in ruckartige Bewegungen, in Erdbeben entladen.

New York liegt ziemlich genau in der Mitte der nordamerikanischen Platte. Niemand vermag auszuschließen, daß sich tief unter Manhattan eines Tages die Katastrophe von New Madrid wiederholen könnte. Was dies für die USA, für die Wirtschaft der westlichen Welt bedeuten würde, läßt sich kaum ermessen. Zwar gibt es in den Aufzeichnungen der Seismologen bisher keine Anhaltspunkte dafür, daß die Kommerzmetropole der Welt sonderlich bebengefährdet wäre oder daß sich hier in der Vergangenheit schwere Erdbeben ereignet hätten. Aber diese Aufzeichnungen reichen an der Ostküste der Vereinigten Staaten gut 300 Jahre zurück; eine lange Zeit, gemessen an der jungen Geschichte der USA; aber doch nicht mehr als ein winziger Ausschnitt aus der seismologischen Zeittafel, die mindestens 500 Millionen Jahre umfaßt.

Aller Wahrscheinlichkeit nach folgen die geologischen Prozesse Gesetzen, die sich auch schon bei Beobachtung nur eines kurzen Zeitabschnitts offenbaren. Dennoch wird gelegentlich übersehen, daß jener Abschnitt, den die Erdwissenschaft derzeit überblickt, unverhältnismäßig kurz ist. Noch bis in die sechziger Jahre unseres Jahrhunderts hinein galt Alfred Wegeners Theorie von der Drift der Kontinente weithin als abwegige Spekulation eines Träumers. Reichlich selbstsicher glauben heute die Seismologen, die grundlegenden Mechanismen in der Kruste unseres Planeten verstanden zu haben und über die weltweite Verteilung von Erdbeben Auskunft geben zu können. Was sie, was wir wissen, betrifft bestenfalls jenen Zeitabschnitt, aus dem einigermaßen gesicherte Aufzeichnungen überliefert sind – höchstens also zweieinhalb Jahrtausende, in vielen Fällen auch nur ein Zehntel dieser Zeit. Den günstigsten

Fall unterstellt: Von den seit mindestens einer halben Milliarde Jahren (nach Meinung einiger Fachleute aber auch seit 2,5 Milliarden Jahren) andauernden Kontinentaldriften sind zweieinhalbtausend Jahre gerade der zweimillionste Teil. Aus den für diesen Zeitraum geltenden, wenn auch noch so akribischen Beobachtungen auf den Verlauf der Gesetzmäßigkeiten während des gesamten Zeitraums zu schließen, ist etwa ebenso gewagt, als wolle ein des Lesens Unkundiger aus nur einer einzigen, der letzten Zeile eines vielbändigen Lexikons auf die Gesetzmäßigkeiten des Alphabets schließen.

Das New Madrid-Beben zeigt aber nicht nur, daß sich gewaltige katastrophale Erdbeben auch in Regionen ereignen können, die auf den Karten der Seismologen als kaum gefährdet eingestuft sind; es veranschaulicht gleichzeitig, in wie großem Maße die zerstörerische Wirkung eines großen Bebens von der Bevölkerungsdichte und dem Zustand der Bebauung in dem betreffenden Gebiet abhängen.

An Testfällen für künftige Erdbeben mangelt es nun wahrhaftig nicht: Wir brauchen nicht auf die Katastrophe in New York, auf den Untergang von Manhattan zu warten. Denn die drei am meisten bebengefährdeten Regionen dieser Erde, Japan, die Westküste Südamerikas und Kalifornien, sind durchaus dicht genug besiedelt und weit genug ›zivilisiert‹, um die Auswirkungen eines schwersten Erdbebens auf moderne Hochbauten, Highways, Brücken, Flughäfen und, nicht zuletzt, die Kommunikationsnetze und das Sozialgefüge hochentwickelter Gesellschaften in allernächster Zeit demonstrieren zu können. Daß eine dieser Regionen (oder alle) in absehbarer Zeit von einer alles bisher Dagewesene in den Schatten stellenden Erdbebenkatastrophe heimgesucht werden wird, ist nach den heutigen Erkenntnissen und nach Überzeugung aller ernst zu nehmenden Seismologen überhaupt keine Frage. Offen ist lediglich, wann dieser Fall eintritt.

Wenn der Kölner Dom schwankt ...

Ich erinnere mich an die Nacht zum 6. November 1977 sehr
genau. Am nächsten Morgen würde ich früh zum Flughafen
müssen, um die Maschine nach London und den Anschlußflug
von Heathrow nach San Francisco nicht zu verpassen. Aber,
wie so oft vor einer längeren Reise, war es nichts geworden mit
dem frühen Zubettgehen: dies noch einpacken und jenes, Ma-
nuskripte, Notizen, Adressen, Bücher. In Kalifornien wartete
ein voller Terminkalender auf mich: Vier Wochen, in denen ich
alles über Erdbeben erfahren wollte, was es dort zu erfahren
gab, wo so viele Seismologen die Bewegungen der Erdkruste
beobachteten wie nirgendwo sonst auf der Welt. In den Wochen und Monaten zuvor hatte ich mir theoretisches Wissen zur
Genüge angeeignet, Bücher und Fachzeitschriften studiert und
Fragezeichen an den Rand gemalt, wo ich an Ort und Stelle
nachzufragen gedachte.
Meine erste Erfahrung mit der Praxis kam früher als gedacht,
und – so ist das bei Erdbeben – in einem ganz und gar
unerwarteten Augenblick. Nicht in San Francisco, von dem die
Experten sagen, daß es demnächst oder jetzt gleich von einer
wahrhaft apokalyptischen Katastrophe heimgesucht werden
wird. Das Erdbeben kam in dieser Nacht, in Köln. Kurz nach
eins hatte ich mich in meiner Wohnung im fünften Stock
schlafen gelegt, war noch einmal in Gedanken das Programm
für die nächsten Tage durchgegangen, hatte mich gefragt, ob
ich nichts vergessen hätte beim Packen. Irgendwann war ich
dann eingeschlafen.

Minuten später wache ich auf. Das Bett bewegt sich! Das Bett bewegt sich? Im Küchenschrank klirren die Gläser. Ich lausche in die Dunkelheit. Knarrend bewegt sich die angelehnte Tür des Schlafzimmers. Nein, denke ich, nichts bewegt sich. Deine Phantasie spielt dir einen Streich. All diese Erdbebenbücher! Da kommt der zweite Stoß. Wie von einer Riesenfaust sanft angestoßen schwingt das ganze Haus, es knirscht ein wenig in den Wänden. Ich taste nach dem Lichtschalter, halte dabei den Atem an und sehe, wie ein Bilderrahmen ein wenig zur Seite rutscht. Die Deckenlampe schaukelt.

Das war mein erstes Erdbeben. Nein, Angst hatte ich nicht. Es war eine sanfte, geruhsame Bewegung; ein Schwanken, kein Rütteln; und wahrzunehmen wohl nur für jene, die in diesen fünf oder zehn Sekunden im Bett lagen oder still saßen. Die ›technischen Daten‹ dieses Bebens: zwei Erdstöße der Magnitude 3,0 und 3,6; Epizentrum: ca. 15 Kilometer von der Kölner Innenstadt entfernt; Herdtiefe: 10 Kilometer. Es war nicht mehr als eine Andeutung dessen, was Erdbeben sein können – ein kleiner Vorgeschmack, eine Prise Praxis nach all der Theorie. Und dennoch: Obwohl dieses Beben nichts Beängstigendes hatte, löste es bei mir einen Anflug jener Empfindung aus, die ich einige Jahre später kennenlernen sollte, im siebenten Stock eines Wohnhauses in der griechischen Hauptstadt Athen.

Das Erdbeben kam kurz vor elf Uhr abends. Es setzte ein mit einem nur Sekundenbruchteile dauernden Brausen, das, wenn ich mich recht zu erinnern vermag, mit einem ersten leichten Schwanken des Hauses einherging. Unmittelbar darauf folgte der erste, harte Stoß. Das Whiskyglas auf dem Schreibtisch fiel um, rollte über die Tischplatte, fiel zu Boden und zersprang. Wände, Boden und Zimmerdecke gerieten in auf- und abschwellende Rüttelbewegungen. Überlagert wurde dieses Tremolo von zunehmenden langperiodischen Schwankungen des gesamten Gebäudes, von denen ich glaubte, sie müßten mindestens zehn, zwanzig Zentimeter in der Horizontalen erreicht haben. Ich war nach dem ersten Stoß aufgesprungen, war den aus sämtlichen Regalen fliegenden Büchern und Aktenordnern knapp ausgewichen und stand nun in der geöffneten Tür, hielt mich mit beiden Händen an den Holzrahmen fest, die wie wild rüttelten. Die Stöße schienen kein Ende zu nehmen und von allen Richtungen zu kommen: von rechts und links, von oben und unten. Durch die auf- und zuschwingende Küchentür sah ich, wie sich der Kühlschrank tanzend von der Wand fort- und zur Mitte des Raumes hinbewegte. Kacheln platzten von der Wand über dem Herd und fielen knallend zu Boden. Die Wände dröhnten und knirschten, ich hörte, wie im Wohnzimmer Glas zersprang, und begleitet von einem häßlichen Knarren tat sich im oberen Winkel des Türrahmens ein breiter Spalt zwischen den ineinandergefugten Hölzern auf. Im selben Augenblick verlosch das Licht. Starr vor Schreck stand ich in der tosenden, schwankenden Dunkelheit und war fest davon überzeugt, daß nun unausweichlich etwas sehr Endgültiges geschehen müsse: Die Mauern des Hauses, so schoß mir durch den Kopf, würden nachgeben, unten vermutlich, und wie eine Fahrstuhlkabine, deren Tragseil gerissen ist, würde mein Penthouse in die Tiefe sausen und sich unten in einen wirren Trümmerhaufen aus Beton, Stahl, Glas, Holz und zerkleinertem Mobiliar verwandeln. Was ich in jenen zwölf Sekunden empfand, die das Beben der Magnitude 7,2 dauerte, war das Gefühl der völligen Hilflosigkeit, der totalen Ohnmacht. Andere, so habe ich nachher erfahren, haben es genauso empfunden.

Ein Erdbeben kündigt sich nicht an und ist durch nichts abzuwenden. Es ist einfach da, in Sekundenbruchteilen, und wer es erlebt, der macht eine gänzlich neue, verwirrende Erfahrung: Unser Gehirn, das dieses Rütteln und Schwanken in einem Schlafwagen, der über ein Weichenfeld fährt, anstandslos akzeptiert, reagiert auf ein Erdbeben höchst alarmiert – es weist die von unseren Sinnen und Gleichgewichtsorganen gemeldeten Signale zurück, kann sie nicht verarbeiten, nicht klassifizieren und vor allem: Es kann keine angemessene, vernünftige Reaktion auslösen. Der erste und einzige Gedanke, der dir während eines Erdbebens durch den Kopf schießt, immer und immer wieder, ist dieser: »Aufhören! Wenn es doch aufhören würde!« Aber zurück aus dem bebengeplagten Griechenland (der Region in Europa mit der höchsten Seismizität) nach Deutschland – Erdbeben also, wie das Beispiel vom 6. November 1977 zeigt, auch hier. In jener Novembernacht passierte nichts: Ein paar Risse im Putz hier und da, einige verrutschte Bilder an den Wänden, und die Kölner Domtürme mögen ganz oben etwas geschwankt haben – das war alles.

In der Vergangenheit hat es in Deutschland durchaus Erdbeben gegeben, die beträchtliche Schäden angerichtet und sogar Todesopfer gefordert haben – und man muß davon ausgehen, daß sich auch künftig solche Schadenbeben in Deutschland ereignen werden. Zu den stärksten Erdstößen zählte jener, der sich am Abend des 16. Dezember 1911 nahe der württembergischen Stadt Ebingen ereignete. Dieses Beben, dessen Magnitude man heute auf etwa 5,5 Grad (gemessen nach der Richter-Skala) schätzt, richtete zahlreiche schwere Gebäudeschäden an und löste Erdrutsche aus. In einem Radius von 500 Kilometern um das Epizentrum waren die Auswirkungen dieses Erdbebens noch deutlich spürbar. Im Juli 1913 bebte in Ebingen erneut die Erde – wieder stürzten Kamine ein und einige Hausdächer brachen zusammen. Bis heute und wohl auch in absehbarer Zukunft ist diese Gegend Baden-Württembergs seismisch aktiv – alle paar Jahre werden leichte oder mittlere Erdstöße registriert.

Ein zweites Erdbebenzentrum liegt in der niederrheinischen Bucht. 1775 bebte in der Nähe Aachens die Erde – ein Mensch wurde von herabstürzenden Steinbrocken erschlagen. Zwei Todesopfer forderte im Jahr darauf ein heftiges Beben, dessen Epizentrum nahe der Stadt Düren am Nordrand der Eifel lag – noch im rund 30 Kilometer entfernten Köln richtete dieses Erdbeben starke Gebäudeschäden an. Mehr als ein Jahrhundert später, am 26. August 1878 um neun Uhr vormittags, ereignete sich im gleichen Gebiet ein Beben, dessen Magnitude vermutlich den Wert von 5,3 erreichte. Wieder gab es zwei Todesopfer. Und im Herbst 1983 schließlich bebte die Erde jenseits der Grenze, im belgischen Lüttich. Zwei Menschen starben und mehr als 600 wurden obdachlos, weil ihre Häuser nach dem Beben akut einsturzgefährdet waren.

Die Seismologen haben alle schwachen und mittleren Erdbeben aus den letzten Jahrhunderten in Landkarten eingetragen, sie haben alle erreichbaren Quellen ausgewertet, aus denen man Rückschlüsse auf die Intensität der Beben in verschiedenen Regionen ziehen kann und so eine Reihe von seismischen Risikokarten für Deutschland und die angrenzenden Länder entworfen. Diese Risikokarten, die laufend fortgeschrieben werden, dienen heute zum Beispiel den Baugenehmigungsbehörden zur Festlegung für die in bestimmten Regionen Deutschlands zu erwartenden maximalen Bebenbelastungen. Die Karten enthalten im wesentlichen sogenannte Isoseisten – also Linien, die Gebiete einer bestimmten zu erwartenden Erdbebenintensität abgrenzen.

Bei der Festlegung dieser maximal zu erwartenden Erdbebenbelastungen in Deutschland gehen die Seismologen von den bisher bekannten Erdbebenereignissen dieses Raumes aus und unterstellen auch für die Zukunft die Wiederholung von Beben gleicher Stärke, wie sie sich in der Vergangenheit ereignet haben. Solche Aussagen gelten naturgemäß nicht für die Ewigkeit – sie werden bis zum Beweis des Gegenteils (nämlich eines stärkeren als bisher registrierten Bebens) gemacht. Daher müssen derartige Risikokarten ständig ergänzt, überarbeitet, fortgeschrieben werden.

Die heute gebräuchlichen Risikokarten für das Gebiet der Bundesrepublik zeigen auf den ersten Blick eine Konzentration der Erdbebenherde in bestimmten Regionen und folgerichtig auch Gebiete mit hohen Erdbebenintensitäten. Eines dieser ›Bebennester‹ liegt südlich von Stuttgart auf der Schwäbischen Alb; ein zweites befindet sich am Nordrand der Eifel zwischen Köln und Aachen; eine Konzentration von Bebentätigkeit zeigt die Karte auch in der engeren Umgebung Basels; und eine Perlenschnur von Epizentren zieht sich schließlich dem Verlauf des Rhein folgend von Basel aus nach Norden.

Ein Blick auf Erdbebenkarten, die auch den Süden und Norden Westeuropas einschließen, hilft, den richtigen Zusammenhang herzustellen: Alle Bebenherde liegen längs eines Grabensystems, das sich von der Rhône-Mündung in Südfrankreich zunächst nach Norden zieht, dann nach Osten abknickt, sich im Oberrheingraben 300 Kilometer lang von Basel bis nach Bingen fortsetzt, in der niederrheinischen Bucht nach Westen abbiegt, um sich über Düren, Aachen und Brüssel bis nach England fortzusetzen.

Über die Entstehung und die erdgeschichtliche Bedeutung dieses mitteleuropäischen Grabensystems gibt es keine gesicherten Erkenntnisse. Einige Fachleute glauben, daß es sich bei den hier immer wieder auftretenden Erdbeben um Entladungen jener gewaltigen Druckspannungen handeln müsse, denen die europäische Kontinentalplatte wahrscheinlich ausgesetzt ist: Von Süden her preßt die afrikanische Platte, von Nordwesten her drängt der Meeresboden des Nordatlantik – dazwischen liegt, wie in einem Schraubstock, unser Stück der Erdkruste.

Andere Wissenschaftler neigen der Ansicht zu, diese erdbebenträchtige Furche in Westeuropa sei dem ostafrikanischen Grabensystem vergleichbar. Das ostafrikanische Bruchsystem signalisiert offenbar das beginnende Auseinanderbrechen der afrikanischen Kontinentalplatte. Jener Graben, der unter dem Roten Meer verläuft, spaltet sich im Golf von Aden auf: Eine Linie verläuft nach Osten und trifft im Arabischen Meer auf die westliche Grenze der indo-australischen Platte; die andere Linie verläuft nach Südosten und schneidet gewissermaßen den westlichen Teil Äthiopiens, Somalia, Kenia, Tansania und ein Stück Mosambiks vom Rest des afrikanischen Kontinents ab. Der Verlauf dieses Grabensystems wird bei näherem Hinsehen auf jeder Landkarte recht deutlich: Er folgt dem Turkana-, dem Victoria-, Tanganyika- und Malawi-See. Auch dieses Grabensystem ist, weit stärker noch als unser mitteleuropäisches, von Seismizität gekennzeichnet. Was sich in Ostafrika anbahnt, ist allem Anschein nach die Abspaltung eines neuen Kontinents, der in ferner Zukunft wohl nach Südosten in den Indischen Ozean abdriften wird.

Etwas Ähnliches passiert offenbar, wenngleich in einstweilen sehr viel langsamerem Tempo, in Mitteleuropa: Anscheinend beginnen sich Frankreich westlich der Rhône und der Saône, die Iberische Halbinsel, Deutschland westlich des Rheingrabens und ein Teil Belgiens vom Rest der eurasischen Platte zu lösen. Wenn das tatsächlich zutrifft und dieses mitteleuropäische Grabensystem wirklich der Beginn eines tiefen Bruchs quer durch diesen Teil unserer Kontinentalplatte darstellt, dann werden künftig die Seismographen dieser Region ohne Zweifel stärker ausschlagen als bisher – wenn es dann noch Seismographen gibt. Denn natürlich vollzieht sich auch dieser geologische Prozeß für unsere Maßstäbe unverhältnismäßig langsam, also in vielen Millionen Jahren.

Der Kölner Seismologe Ludwig Ahorner hat jene Erdbeben, die sich in den Jahren 1800 bis 1970 im Gebiet der heutigen Bundesrepublik ereigneten und Schäden auslösten, in seinem seismischen Katalog aufgezeichnet. Es sind insgesamt, Nachbeben an den gleichen Epizentren nicht eingerechnet, 23. Keines davon war (im Weltmaßstab) ein wirklich schweres Erdbeben, keines hatte katastrophale Auswirkungen. Die angerichteten Schäden werden sogar mit den Jahren immer geringer, obwohl die Bebenhäufigkeit nicht signifikant sinkt – eine Folge der Verwendung erdbebenbeständiger Bauverfahren und -materialien. Das stärkste dieser Beben war das vom 16. November 1911 in Ebingen. Es gibt weitere fünf Erdbeben mit einer Magnitude von über 5 Grad auf der Richter-Skala, der überwiegende Teil der restlichen Erdstöße bewegt sich zwischen 4,5 und 4,9 Grad.

Solche nachträglichen Berechnungen der mutmaßlichen Energie eines Bebens, also der Magnitudenstufen, sind natürlich immer nur Annäherungen. Das gilt zumal für Beben, die lange Zeit zurückliegen und über die es weniger gesicherte Berichte gibt als über die Erdstöße des 19. und frühen 20. Jahrhunderts. Wenn man die diversen Erdbebenkataloge für Deutschland betrachtet, die zum Teil bis in das Jahr 1000 n. Chr. zurückreichen, ergibt sich kein grundsätzlich anderes Bild als bei Betrachtung der letzten 200 Jahre: Wirklich schwere, katastrophale Beben scheinen sich nicht ereignet zu haben. Wohl aber entstanden im Verlauf der letzten zwei Jahrhunderte, über die wir ziemlich gesichertes Material besitzen, einige neue seismisch aktive Gebiete – so die Schwäbische Alb und die Provence, die noch vor einem Jahrhundert als seismisch völlig inaktiv galten, seither aber von einer Reihe durchaus spürbarer Erdstöße erschüttert wurden. Das bedeutet nun nicht unbedingt, daß sich an den geologischen Vorgängen in der Erdkruste in jenen Regionen plötzlich etwas geändert hätte. Es erinnert uns vielmehr an die Tatsache, daß solche geologischen Vorgänge eben ungeheuer langsam ablaufen – und das bedeutet: Man muß, um sie zu verstehen und statistisch zu erfassen, eben auch über sehr lange Zeiträume Daten sammeln. In erdbebenträchtigen Gebieten wie etwa Kalifornien, Japan oder an der südamerikanischen Pazifikküste mag sich wegen der regen seismischen Aktivität schon bei Beobachtung über ein, zwei Jahrhunderte ausreichendes statistisches Material gewinnen lassen, um den Verlauf der geologischen Prozesse zu verstehen und einigermaßen verläßliche Prognosen über die künftige Seismizität der Region abzugeben. In Gebieten mit geringer Erdbebenfähigkeit aber fallen ungleich weniger Daten an. Der Geologe Clarence Allen vom California Institute of Technology in Pasadena, einer der angesehensten Erdbebenexperten weltweit, warnt: »Sogar in Kalifornien und Nevada, wo unsere historischen Aufzeichnungen etwa eineinhalb Jahrhunderte zurückreichen, müssen wir außerordentlich vorsichtig damit sein, von diesem kurzen Zeitraum aus zu extrapolieren. Das Problem wird noch schwieriger, wenn wir weiter von den Plattengrenzen weg- und in Gebiete mit niedriger Seismizität hineingehen. Welche Schlüsse zum Beispiel soll man aus einem vereinzelten schweren Erdbeben ziehen, wie es sich in Charleston/South Carolina im Jahre 1886 ereignete?* Ist Charleston tatsächlich wegen dieses einen Bebens stärker gefährdet als Washington, D.C., oder New York City? Das einzelne historische Ereignis sagt uns im Grunde nicht mehr als dies: daß Erdbeben der gleichen Magnitude als möglich, wenn auch nicht als wahrscheinlich zu gelten haben – zumindest so lange, bis wir mit

* Das ›Charleston-Beben‹ ereignete sich am 31. August 1886; es erreichte eine Intensität von X auf der modifizierten Mercalli-Skala, zerstörte oder beschädigte in Charleston 90 Prozent aller Gebäude und forderte 60 Todesopfer. Es war das schwerste Beben im Osten der Vereinigten Staaten.

Hilfe geologischer und geophysikalischer Studien verstehen, warum sich das Charleston-Beben ereignete, wo es sich ereignete und in welcher Hinsicht sich andere Gebiete von dieser Region wirklich unterscheiden.«

Es ist daher fraglich, ob man aus dem Umstand, daß sich in Deutschland während der letzten zwei Jahrzehnte nur zwei Dutzend Schadenbeben ereigneten, schließen darf, daß dies auch für die absehbare Zukunft so bleiben werde. Das Beispiel der schweren Bebenserie von New Madrid in den USA muß den Seismologen zu denken geben: Unvermittelt wurde eine bis dahin seismisch ruhige Region von einer Reihe äußerst heftiger, sich über mehr als ein Jahr fortsetzender Erdbeben heimgesucht. Seither ist wieder Ruhe eingekehrt. Wie dauerhaft oder wie trügerisch diese Ruhe ist, weiß freilich niemand zu sagen. Die Wahrscheinlichkeit, daß sich wirklich katastrophale Erdbeben mit einer Magnitude von 8 und mehr auf der Richter-Skala abseits der uns heute bekannten Bebengürtel ereignen, ist zwar gering, ausschließen aber kann kein Seismologe ein solches Ereignis. Aber es würde keineswegs eines so heftigen Erdstoßes bedürfen, um in der Bundesrepublik große Schäden anzurichten: Bodenbeschleunigungen, wie sie in der Umgebung eines Epizentrums von Beben der Stärke 6,5 oder 7,0 Richter auftreten, können, insbesondere wenn die Bebenherde in geringer Tiefe liegen, auch moderne Bauten stark in Mitleidenschaft ziehen. Ein Erdbeben der Magnitude 7,0 in der Nähe Kölns könnte in dieser Großstadt durchaus viele Tote und Verletzte fordern und schwere Sachschäden anrichten.

Auf die mit einem schweren Beben einhergehenden Belastungen sind, soviel ist sicher, unsere Hochbauten nicht eingerichtet. Die DIN-Norm 4149 beziffert zwar bestimmte, je nach Region unterschiedliche Horizontalbeschleunigungen, auf die hin Gebäude konstruiert sein sollten – sie tut dies allerdings nur im Sinne einer Empfehlung. Ob die örtlichen Baubehörden dieser Empfehlung folgen ist anheimgestellt. In der Regel gilt, daß weder von Architekten und Statikern noch von den Genehmigungsbehörden das Erdbebenrisiko berücksichtigt wird. Allein das Land Baden-Württemberg hat bisher Vorschriften für erdbebensicheres Bauen erlassen; in allen anderen Bundesländern geht man offenbar davon aus, daß nach den allgemeinen Vorschriften errichtete Bauten auch den durch ein Erdbeben verursachten Querbeschleunigungen standzuhalten vermögen. Das aber ist zweifelhaft. Selbst die DIN 4149 geht in den am stärksten bebengefährdeten Regionen der Bundesrepublik – das sind die Gebiete um Lörrach, Ebingen und die Nordeifel – von maximal zu erwartenden Bodenbeschleunigungen von 100 cm/sek^2 aus. Diese Annahme entspricht einer Bebenintensität von VII bis VIII auf der Mercalli-Skala. Für das restliche Bundesgebiet werden nur Bodenbeschleunigungen von 25 bis maximal 65 cm/sek^2 angesetzt.

Das mag eine durch die bisherige Beobachtung gerechtfertigte und ökonomische Betrachtungsweise sein, gewiß aber auch eine konservative. Auch Deutschlands Erdbebengeschichte ist reich an Überraschungen: Immer mal wieder innerhalb der letzten drei, vier Jahrhunderte ereigneten sich relativ heftige Beben in Regionen, die zuvor seismisch noch gar nicht in Erscheinung getreten waren. Nichts spricht dagegen, daß sich innerhalb dieses Jahrzehnts weitere Bebenherde rühren werden, von deren Existenz man bisher nichts ahnte. Hans Dieter Heck und Rolf Schick sprechen in ihrem Buch *Erdbebengebiet Deutschland*, die Vermutung aus, daß »aller Wahrscheinlichkeit nach« die Bebenmagnituden in Deutschland auf 6 R beschränkt bleiben, denn: »Die in Mitteleuropa bekannten Herde überschreiten in keinem Fall eine maximale Länge von zehn Kilometern.« Richtig ist an dieser Annahme, daß die Herdlänge eines Erdbebens – stark vereinfacht gesagt die Länge der Fläche, längs derer sich in der Erdkruste Spannungen aufstauen und schließlich ruckartig freigesetzt werden – von entscheidender Bedeutung für die Intensität eines Bebens ist. Doch auch die bisher beobachtete maximale Herdlänge von zehn Kilometern ist eben eine Beobachtung, die aus einem erdgeschichtlich außerordentlich kurzen Abschnitt gewonnen wurde. Handfeste Argumente gegen die Annahme, daß sich in Zukunft auch weit schwerere Erdbeben in Deutschland ereignen können, gibt es nicht.

Als Fazit bleibt: Unsere Hochbauten stellen vermutlich einen recht vernünftigen Kompromiß zwischen Bebensicherheit und Wirtschaftlichkeit dar – die Möglichkeit eines wirklich schweren Erdbebens ist, statistisch gesehen, eine vage Eventualität, die zu berücksichtigen mit Sicherheit weit größere Kosten verursachen würde als jenes – vielleicht – sich ereignende, die Annahmen der Planer übersteigende Beben.

Die Frage aber ist, ob es nicht den (keineswegs astronomisch teuren) konstruktiven Mehraufwand wert wäre, bestimmte Bauten auf höhere Bebenbelastungen auszulegen, als das bisher geschieht. Bauten zum Beispiel, deren Beschädigung im Falle eines Falles besonders weitreichende Konsequenzen haben würde: Krankenhäuser, Flughäfen, Straßenbrücken, U-Bahn-Tunnels, Schulen, Pipelines und alle Kommunikationsstränge. Unsere vielgeschmähten Kernkraftwerke übrigens bieten da noch den geringsten Anlaß zur Sorge: Sie sind, angesichts des enormen Gefahrenpotentials, das sie bieten, auf deutlich höhere Belastungen ausgelegt als Industriebauten sonst. Ganz anders schon steht es mit den konventionellen Wärmekraftwerken. Die bergen zwar kein annähernd vergleichbares Gefahrenpotential, aber ihr Ausfall hätte, zumal angesichts des von ihnen geleisteten Anteils an unserer Stromversorgung, sehr weitreichende volkswirtschaftliche Konsequenzen. Konventionelle Kraftwerke jedenfalls unterliegen, anders als Kernkraftwerke, keinen besonderen Bestimmungen hinsichtlich ihrer Erdbebensicherheit.

Man mag im übrigen fragen, ob unsere Statiker sich wirklich realistische Vorstellungen von den während eines schweren Erdbebens auf eine so komplexe Struktur wie ein Kernkraftwerk wirkenden Kräfte machen oder machen können. Das nämlich hieße, exakt zu berechnen, welchen Belastungen bestimmte Bauelemente und das interagierende Ganze einer Struktur bei bestimmten Bebenereignissen ausgesetzt wären. Dann nämlich müßten alle wesentlichen Parameter eines künftigen Erdbebens wie, unter anderem, Herdtiefe, Herdvolumen, Magnitude, Dauer, Wellenlänge der Oberflächenschwellen, Verhalten des Baugrundes, das Zusammenwirken der einzelnen

Bauelemente und noch einiges mehr in Betracht gezogen werden – eine fast unübersehbare Anzahl von Variablen. Man tritt den bundesdeutschen Bauingenieuren und den Fachleuten der Genehmigungsbehörden gewiß nicht zu nahe, wenn man Zweifel äußert, ob sie mit all diesen Eventualitäten vertraut sind. Schließlich mußten selbst erdbebenerfahrene Statiker in Kalifornien erleben, daß ihre Kalkulationen im wahrsten Sinne des Wortes über den Haufen geworfen wurden, als während des nur als ›gemäßigt‹ eingeordneten San Fernando-Bebens vom Jahre 1971 ›bebensichere‹ Highway-Brücken gleich dutzendweise einstürzten.

Eine weitere interessante Frage, auf die vermutlich erst der Ernstfall eine Antwort geben wird, lautet: Wie bebenresistent sind unsere Kommunikationssysteme? Werden unsere Fernsprech- und Datenübertragungsnetze einen heftigen Erdstoß unbeschadet überstehen? Wie steht es um die Bebenresistenz der großen öffentlichen und privaten Datenverarbeitungsanlagen, auf deren reibungsloses Funktionieren unsere Volkswirtschaft angewiesen ist?

Ein Mini-Hochhaus auf dem Rütteltisch

Die Dia-Sammlung ist einzigartig und der Fotograf auch. Henry Degenkolb ist einer der ›Erdbebenpäpste‹ dieser Welt. Wer wissen will, wie sich diese oder jene statische Konstruktion bei einem Erdbeben verhalten wird, fragt ihn. Amerikanische Präsidenten und Gouverneure haben das getan, und sie tun es noch. Der Name Henry Degenkolb ist in den USA in der Liste jedes ernst zu nehmenden Expertengremiums in Sachen Erdbeben zu finden.

Sein mit Hilfe von viel Rechnerei, unermüdlichem Studium und nicht zuletzt eigener Anschauung gewonnenes Expertenwissen stellt Henry Degenkolb nicht nur jenen zur Verfügung, die Bauvorschriften und Katastrophenpläne zu Papier bringen müssen. Henry Degenkolbs Klienten sind in erster Linie Architekten, Bauingenieure und Bauherren, die in bebengefährdeten Regionen bauen. Von der Expertise des stets alerten älteren Herrn erhoffen sie sich, daß ihre Wolkenkratzer auch nach dem nächsten Erdbeben noch stehen – und bis dahin von der Versicherungsgesellschaft in eine günstigere Prämienklasse eingestuft wird, als Konstruktionen, die den Gutachtern X oder Y abgesegnet wurden. »H. J. Degenkolb Associates, Engineers«, 350 Sansome Street, Suite 500, San Francisco, California 94104 – das ist für Immobilieneigner und Hochbauingenieure, die sich der Bebengefahr bewußt sind, eine erste Adresse.

»Sie bemühen sich, erdbebensichere Häuser zu bauen...« leite ich meine erste Frage ein, aber da hebt Henry Degenkolb schon entsetzt beide Hände und fällt mir ins Wort: »Nein,

nein! Erdbebensichere Bauten, die gibt es nicht. ›Erdbeben-sichere‹ Bauten sind so ›erdbebensicher‹ wie wasserdichte Män-tel wasserdicht sind. Der eine mag mit einem Landregen fertig werden, in einem anderen bleiben Sie vielleicht sogar in einem Wolkenbruch trocken, aber wenn Sie sich unter die Niagara Falls stellen, hilft auch ein wasserdichter Mantel nicht. Nein, wir sprechen von *bebenresistenten* Bauten – und damit meinen wir: Strukturen, die einer von uns vorab definierten Erdbeben-belastung widerstehen können, ohne daß wesentliche Elemente dieser Struktur versagen. Kurz und anschaulich gesagt: Das Gebäude stürzt nicht ein. Aber das heißt nicht, daß alle Fen-sterscheiben heil bleiben oder alle Kacheln im Bad oder der Putz im Treppenhaus. Schäden an nichttragenden Bauelemen-ten sind einkalkuliert, denn die lassen sich mit vertretbarem wirtschaftlichem Aufwand gar nicht vermeiden.«

Was während eines Erdbebens mit einem einstöckigen Holz-haus oder einer aus Stahlbeton gebauten freistehenden Garage geschieht, ist relativ einfach nachzuvollziehen, und also bereitet es den Statikern nicht die geringsten Schwierigkeiten, derart einfache Strukturen so zu konstruieren, daß sie auch gegen größte Bodenbeschleunigung resistent sind. In einem 40 oder 50 Stockwerke hohen Wolkenkratzer jedoch liegen die Dinge sehr viel komplizierter. Da hängen die Auswirkungen eines Erdbebens von sehr viel mehr, kaum vorab vernünftig kalku-lierbaren Faktoren ab. »Eine Grundregel, die ich immer und immer wieder predige«, sagt Henry Degenkolb, »ist diese: Macht es nicht zu kompliziert! Denn je komplizierter die Struktur eines Gebäudes ist, desto schwieriger wird es, seine Belastbarkeit zu kalkulieren.«

In einem Nebenraum demonstriert mir Henry Degenkolb, was er damit meint. Da steht das etwa einen Meter fünfzig hohe Modell einer Hochhausstruktur auf einer Grundplatte, die sich mit Hilfe eines Elektromotors in verschiedenartige Schwingun-gen versetzen läßt. Henry Degenkolb schaltet den Motor ein, die Platte gerät in eine schwingende Horizontalbewegung. Und nun passiert mit dem Modell etwas sehr Interessantes: Der fest mit der Bodenplatte verschraubte untere Teil, die Fundamente also, machen diese ihnen aufgezwungene Bewegung natürlich mit. Weiter oben aber, in den höheren Stockwerken dieses elastischen Modells, ergeben sich ganz andere Schwingungen – sie können stärker sein als jene am Fuß, unter Umständen verharren bestimmte Gebäudeabschnitte aber auch in völliger Ruhe.

Wie dieses Modell schwingt, hängt von zweierlei ab: von der Schwingungsfrequenz, der man es aussetzt, und von seiner Eigenperiode. »Beides«, sagt Henry Degenkolb, »können wir in diesem Modellversuch vorgeben: Die Frequenz, mit der wir den Tisch in Schwingung versetzen, und die Eigenfrequenz des Hochhausmodells. In der Realität aber, und da liegt unser Problem, ist das alles sehr viel komplizierter. Das Schwingungsverhalten eines aus vielerlei miteinander agierenden und einander beeinflussenden Materialien und Konstruktionselementen bestehenden Wolkenkratzers kann man de facto nicht mit letzter Sicherheit berechnen; und was die Erdbebenwellen angeht, da wissen wir eben vorab nicht, ob es sich um ein Beben mit einem stärkeren Anteil an hochfrequenten, kurzen Wellen handeln wird oder eines mit eher niederfrequenten, langen Wellen. Die Crux ist eben: Ein und dasselbe Gebäude reagiert ganz anders auf hochfrequente Wellen als auf niederfrequente.«

Jeder Laie sieht wohl gefühlsmäßig ein, daß niedrige Gebäude während eines Erdbebens weniger einsturzgefährdet sind als höhere, Einfamilienhäuser sicherer sind als Wolkenkratzer. Das trifft auch zu, aber nur mit Einschränkungen und aus anderen Gründen, als der Laie glaubt. Über viele Jahre hinweg gab es in bebengefährdeten Regionen wie Kalifornien und Japan strenge Bauvorschriften, mit denen die maximale Höhe von Neubauten auf acht, zehn oder 13 Stockwerke begrenzt wurde. Inzwischen sind die Auflagen fast überall großzügig reduziert worden. Man hat nämlich anhand einer Reihe empirischer Erfahrungen gelernt, daß die Zahl der Stockwerke, also die Höhe eines Gebäudes, keinen entscheidenden Einfluß auf seine Erdbebensicherheit hat.

Gewiß: Der einstöckige Bungalow läßt sich mit relativ vertretbarem konstruktivem und wirtschaftlichem Aufwand so bauen, daß seine strukturell wichtigen Elemente auch hohen Bodenbeschleunigungen standhalten. Mit wachsender Höhe eines Gebäudes werden die konstruktiven Probleme zwar komplexer, denn die Zahl der interagierenden Elemente wächst und die Massen werden größer. Aber die Probleme verändern sich ihrer Natur nach nicht. In der Praxis bedeutet das: Ein sechs- oder zehnstöckiges Wohnhaus stellt den Statiker nicht vor prinzipiell andere Fragen als ein Bau mit 50 oder 75 Stockwerken. Der amerikanische Architekt Fazlur Kahn, der den Sears Tower in Chicago entworfen hat, das mit 110 Stockwerken höchste Bürogebäude der Welt, hält es für möglich, daß man in einigen Jahren bis zu 150stöckige Wolkenkratzer baut. Wären solche Giganten mit einer Höhe von mehr als 500 Metern nicht ungleich stärker gefährdet, wenn ein Erdbeben den Grund rings um die Fundamente in Schwingungen versetzt? So erstaunlich das auch auf den ersten Blick scheinen mag: im Prinzip nein.

»Der bloße Umstand, daß es sich um ein höheres Gebäude handelt, ändert nichts an den konstruktiven Problemen«, erklärt Gordon Dean, Mitinhaber von »H. J. Degenkolb Associates« in San Francisco. »Anhand einer Reihe unterschiedlich hoher Strukturmodelle können wir auf unserem Rütteltisch demonstrieren, daß bei bestimmten Schwingungsfrequenzen des Untergrundes höhere Strukturen ziemlich stabil bleiben, während niedrigere sehr stark ins Schwingen geraten. Mit anderen Worten: Es kommt nicht so sehr auf die Höhe des Gebäudes an, sondern auf die Art der Schwingungen, die den Grund um die Fundamente in Bewegung versetzen.«

Für Gordon Deans These gibt es eine Reihe eindrucksvoller Beweise: Erdbebenwellen bestimmter Frequenzen haben in der Vergangenheit in einer Anzahl von Fällen nur Bauten einer bestimmten Größenordnung beschädigt oder zum Einsturz gebracht – etwa fünf- und sechsstöckige Häuser, während drei- oder zwölfstöckige Bauten das Beben schadlos überstanden. Gordon Dean: »Einige Erdbeben haben eine hohe Intensität hochfrequenter Schwingungen, und diese hochfrequenten

Schwingungen werden größere Schäden in niedrigen Gebäudestrukturen anrichten; andere Beben haben einen besonders
hohen Anteil an niederfrequenten, langwelligen Schwingungen
– die sind besonders für hohe Gebäude gefährlich.«
Hochfrequente Erdbebenwellen werden vor allem in der Nähe
des Epizentrums registriert; über längere Entfernungen werden
sie vom Gestein absorbiert, also sehr bald deutlich schwächer.
Niederfrequente Wellen dagegen legen auch weite Entfernungen im Gestein zurück, ohne wesentlich an Intensität zu verlieren. »Bedeutet das nun«, frage ich Gordon Dean, »daß etwa die
für niedrige Frequenzen anfälligen höheren Gebäude ausgerechnet in größerer Entfernung vom Epizentrum stärker gefährdet sind als in dessen Nähe?« – »So kurios das auch klingt:
ja! Wir haben das zum Beispiel in einer Reihe von Erdbeben in
Südamerika beobachtet: In der Nähe des Epizentrums sind
große Bauten weniger gefährdet als in größerer Entfernung.
Umgekehrt haben wir beobachtet, daß die für hochfrequente
Schwingungen besonders empfindlichen niedrigeren Gebäude
insbesondere in der engeren Umgebung des Epizentrums in
Mitleidenschaft gezogen werden.«
Eines der entscheidenden Stabilitätsmerkmale eines Gebäudes
ist also, wie es Schwingungen unterschiedlicher Frequenz verarbeitet, ohne zu desintegrieren. Deshalb hat jedes Gebäude
seine individuell kritische Phase. Man kann sich dieses Phäno-
mens an Stimmgabeln unterschiedlicher Größe verdeutlichen –
sie geraten, wenn man sie anschlägt, je nach Größe in jeweils
unterschiedliche, aber ganz bestimmte Schwingungen, die sich
auf die sie umgebenden Luftmoleküle übertragen und so als
Schallwellen einer bestimmten Frequenz als Töne hörbar werden. Ein weiteres Beispiel: Verschieden große Weingläser klingen, wenn man sie anschlägt, nicht nur unterschiedlich; wenn
man diese Gläser von außen, durch Schallwellen aus einem
Lautsprecher etwa, zu Schwingungen anregt, dann werden
bestimmte Gläser bei ganz bestimmten Frequenzen, die ihrer
jeweiligen ›kritischen‹ Eigenfrequenz entsprechen, in ihrer
Struktur so stark belastet, daß sie bersten – gerade so, als habe
ein unsichtbarer Hammer sie angeschlagen. Etwas Vergleichba-

res geschieht mit statischen Strukturen, wenn sie von solchen für sie kritischen Frequenzen in Schwingungen versetzt werden.

Gordon Dean: »Das Wichtigste ist, daß man ein in Schwingungen geratendes Gebäude intakt hält – daß also nicht einzelne Elemente gänzlich unterschiedlich reagieren und damit gegeneinander wirken. Es kommt darauf an, Konstruktionsprinzipien und Materialien zu verwenden, die einigermaßen einheitlich reagieren – also nicht etwa extrem flexible und extrem starre Strukturelemente in ein und demselben Bau.«

Die Grenze zwischen ›starr‹ und ›flexibel‹ ist natürlich fließend. Hochbauten aus flexiblen Materialien wie Stahl, Stahlbeton oder – um eine sehr einfache Struktur zu nennen – Holz beinhalten zwangsläufig auch einige weniger flexible Elemente. Architekten und Statiker haben nämlich neben der Erdbebensicherheit noch eine Reihe anderer Anforderungen zu berücksichtigen. Wolkenkratzer zum Beispiel müssen auch hohen horizontalen Belastungen durch starke Winde standhalten.

»Vom theoretischen Standpunkt aus betrachtet«, sagt Henry Degenkolb, »wäre es sinnvoll, einem Gebäude mit konstruktiven Mitteln eine besonders lange Eigenperiode zu geben, denn damit würde es auch schwerste Erdbeben relativ gut überstehen. In der Praxis aber gibt das Probleme: Denn ein solches extrem flexibles Gebäude würde schon von einem leichten Seitenwind oder einem mittleren Erdstoß in deutliche Schwingungen versetzt. Wohlgemerkt: Das würde seiner Struktur nichts anhaben, denn die wäre ja genau darauf ausgelegt. Aber es ist sehr die Frage, ob die Bewohner es als angenehm empfinden würden, wenn bei jeder starken Windbö der Wolkenkratzer an seiner Spitze um ein oder zwei Meter schwingt. Und der Bauherr müßte wohl nach jedem Sturm eine Reihe von Schönheitsreparaturen ausführen lassen, denn viele strukturell unwichtige Teile eines solchen Baus, wie der Putz an den Wänden, die Fensterscheiben, die Fassade oder die Kacheln im Bad, müßten zwangsläufig aus weniger flexiblen Materialien gefertigt sein als die Struktur und würden also nicht in gleicher Weise Schwingungen absorbieren können.«

Ein Wolkenkratzer, der im Wind schwingt wie eine Pappel? Ihre Bewohner mögen es kaum wahrnehmen, aber tatsächlich schwingen moderne Stahlskelettbauten wie Bäume im Wind. Selbst die in Deutschland (wo reine Stahlskelettbauten anders als in den USA wegen der in der Bundesrepublik sehr viel strikteren Feuerschutzbestimmungen nicht wirtschaftlich zu bauen sind) üblichen Stahlbetonhochhäuser beugen sich starken Winden. Diese Bewegung kann im obersten Stockwerk solcher Hochhäuser mehr als 50 Zentimeter ausmachen. Selbst Bauwerke wie der Münchner Olympiaturm, die dem Wind sehr wenig Angriffsfläche bieten, schwanken bei Orkan um acht bis zehn Zentimeter.

Die Vorstellung, daß so massiv wirkende Bauten wie die Wolkenkratzer im Frankfurter Bankenviertel sich elastisch dem Wind anpassen, erscheint auf den ersten Blick absurd: Mit einem Material wie Beton verbinden wir ja die Vorstellung von Stärke, Härte, Festigkeit – nicht die von Flexibilität. Tatsächlich aber sind Stahlbetonbauten, vor allem dank der in ihnen verarbeiteten Stahlarmierungen, recht anpassungsfähig. Weitaus elastischer sind natürlich reine Stahlskelettgebäude, denen Decken, Wände und Fassaden nur eingehängt werden.

Derartige Windbelastungen können gewaltige Ausmaße annehmen. Aus einer Reihe spektakulärer Einstürze von Stahlbrükken in Großbritannien im 19. Jahrhundert haben Ingenieure ihre Lehren gezogen; inzwischen werden diese Windbelastungen bei den statischen Berechnungen der Bauwerke entsprechend berücksichtigt. Starke Stürme können sich gerade auf Stahlbrücken enorm auswirken. Wenn etwa – wie im Dezember 1982 – ein Orkan von Westen in die Bucht von San Francisco hineinweht, muß die Golden Gate Bridge für den Verkehr gesperrt werden – die Fahrbahn schwingt dann um etwa drei Meter seitlich hin und her. Zu stark, um ein Auto sicher auf der Fahrspur zu halten, aber ungefährlich für die Brücke: Sie ist auf seitliche Schwankungen von bis zu sieben Metern ausgelegt.

Es bedarf jedoch keineswegs nur kräftiger Winde oder starker Erdbeben, um Brücken und Hochhäuser in Schwingungen zu versetzen.

Ein ›schwimmendes‹ Hotel
übersteht das Jahrhundertbeben

Die Luft über der Wüste drüben flimmert in der Hitze. Rechts ragt die überdimensionale Leuchtreklame des Golden Slipper auf: Der hochhackige Damenschuh, umrahmt von unendlich vielen aufblitzenden Glühbirnen – zeitloses Sex-Symbol, auch wenn man unten an der Vorfahrt zum Casino längst in Tennisschuhen aus dem Rolls steigt. Drüben konkurrieren die bunten Spotlights des Circus-Circus mit den letzten Strahlen der untergehenden Sonne. Nebenan annonciert das Dunes seinen Schriftzug flackernd in den violetten Himmel. Las Vegas, Nevada. Zusammen mit drei Wissenschaftlern der »National Oceanic and Atmospheric Administration«, kurz NOAA genannt, stehe ich auf dem kiesbestreuten Flachdach eines 16stöckigen Neubaus. Bob, wie die beiden anderen mit einem weißen Overall bekleidet, hat ein Meßinstrument von der Größe eines ›einarmigen Banditen‹ aufs Dach geschleppt; daneben steht ein überdimensionales Magnetbandgerät; und dann sind da noch zwei in der Mitte des Flachdachs rechtwinklig zueinander angeordnete glänzende Aluminiumzylinder, die fest mit der Betondecke verschraubt sind.
In jedem der beiden Zylinder befindet sich eine Art Seismograph: ein hochempfindliches elektronisches Meßgerät, das auch schwächste Horizontalbeschleunigungen registriert. Bobs ›einarmiger Bandit‹ schluckt, anders als die Spielautomaten im Dunes oder Golden Slipper, weder Silberdollars noch spuckt er solche aus. Per Kabel mit den beiden Sensoren verbunden und in Betrieb gesetzt, produziert das Gerät Seismogramme – es

zeichnet die von den Sensoren wahrgenommenen Bewegungen dieser Betondecke auf. Kein Lüftchen regt sich an jenem Spätnachmittag über der Wüstenstadt, schnurgerade Linien malen die sechs Schreibhebel des Aufzeichnungsgerätes auf den hinter einem Fenster in der Frontplatte vorbeilaufenden Papierstreifen. Dann beginnen Bobs Kollegen Ron und Serafino ihre Freiübungen: Rhythmisch verlagern sie ihr Körpergewicht von einem der breitgespreizten Beine auf das andere, so als wollten sie ein imaginäres Ruderboot zum Kentern bringen. Plötzlich gerät Bewegung in die Schreibhebel des Aufzeichnungsapparates: Nicht gerade, sondern gezackte Linien zeichnen sie nun auf das Papier. Was sie in diesen Sekunden registrieren, sind die Schwingungen eines 16stöckigen Hochhauses – ausgelöst von den Bewegungen zweier 80-Kilo-Männer auf diesem Flachdach. Das oberste Stockwerk dieses Hauses schwingt in diesem Augenblick um einige Hundertstel Millimeter. Mit empfindlichen Meßinstrumenten ist diese Schwingung auch in den tiefergelegenen Stockwerken, wo sie deutlich geringer ausfällt, noch meßbar.

Flexibilität – dieses im Falle eines Erdbebens lebensrettende Konstruktionsprinzip – setzte als erster einer der Protagonisten der modernen Architektur konsequent in die Wirklichkeit um: Frank Lloyd Wright (1869–1959). Er entwarf vor mehr als sechs Jahrzehnten einen Bau, der bereits all jene Eigenschaften besaß, um die sich noch heute Statiker und Architekten bemühen, wenn sie in bebengefährdeten Regionen bauen. Wrights ›Architekturphilosophie‹ prädestinierte ihn zum ›Erdbeben-Baumeister‹: Er schuf organisch gestaltete Bauten, indem er die natürlichen Gegebenheiten berücksichtigte: Die Landschaft, das Material und der Verwendungszweck gingen so eine sinnvolle Symbiose ein. Homogene, klar definierte Gebäude entstanden.

Wrights visionärer Bau, das Imperial Hotel in der japanischen Hauptstadt Tokio, war die konsequente Anwendung dieser Erkenntnis in einer Erdbebenregion. Bevor Frank Lloyd Wright daranging, seinen Entwurf zu Papier zu bringen, studierte er sechs Jahre lang jene diffizile Wirkung, die Erdbebenwellen auf Baugrund und Baustrukturen haben – zu einer Zeit, da die Seismologen sehr viel weniger über die physikalischen Eigenschaften von Erdbebenwellen wußten als heute, war der Architekt dabei weitgehend auf eigene Grundlagenforschung angewiesen.

Auf welchem Baugrund sich das Hotel, mit dessen Entwurf ihn die Japaner 1914 beauftragt hatten, sich würde bewähren müssen, erfährt Frank Lloyd Wright im März 1916 an Ort und Stelle: Die Erde bebt nahezu ohne Pause, rumpelnde Geräusche dringen aus der Tiefe, mal sackt der Grund plötzlich um einige Zentimeter ab, dann wieder hebt er sich unvermittelt oder gerät in schwingende Bewegungen. Den örtlichen Gebäuden kann dieses Dauerbeben nicht viel anhaben: Die niedrigen Holzhäuser mit ihren federleichten Dächern und papierdünnen Wänden machen jede Bewegung des Bodens problemlos mit.

Für die Planung eines großen Gebäudes aber wirft dieses ständige Schlingern des Baugrundes erhebliche Probleme auf. Wright läßt einige Probebohrungen niederbringen, um die Beschaffenheit des Bodens zu testen. Die oberste Schicht, so zeigt sich, besteht bis zu einer Tiefe von etwa zwei Metern aus festem Erdreich. Darunter aber liegt eine 20 bis 25 Meter dicke Schicht, die nicht fester ist als Gelee und bei jedem Erdstoß in eine schwabbelnde Bewegung gerät. »Der Grund hat die Konsistenz von Käse«, notiert Wright, »und wegen der ständigen Wellenbewegungen würden tiefe Fundamente wie etwa Pfeiler in Schwingungen geraten und den Bau zerstören. Das Fundament muß daher flach sein. Dieser geleeartige Matsch ist segensreich – ein gutes Polster, um die schrecklichen Erdstöße zu dämpfen. Warum nicht das Gebäude auf ihm schwimmen lassen wie ein Schlachtschiff auf dem Wasser? Und warum nicht extreme Leichtigkeit des Gebäudes, kombiniert mit Flexibilität, statt eines Baus, der, wenn er die erforderliche Steife hätte, enorm schwer sein müßte? Warum gegen das Beben ankämpfen? Warum nicht sich mit ihm anfreunden – und es überlisten?«

Ein Gebäude, das ›schwimmt‹? Flexible Strukturen statt dicker Mauern? Im Jahre 1916 war das ein gewagtes, ganz und gar

unorthodoxes Konzept. Dennoch gelang es Frank Lloyd
Wright, seine japanischen Bauherren zu überzeugen – das
Imperial Hotel wurde nach seinen Plänen gebaut. Die Decken
der einzelnen Stockwerke verankerte Wright nicht, wie üblich,
in den Wänden, sondern in der Mitte des Gebäudes, auf
Betonsäulen. So wie ein geübter Kellner ein schweres Tablett
auf einer Hand balanciert, ruhten die Decken unabhängig von
etwaigen Bewegungen der Mauern in ihrem Schwerpunkt auf
diesen Säulen. Die Versorgungsleitungen des Imperial Hotel
verlegte Frank Lloyd Wright in Schächte, in denen sie sich
bei einem Erdbeben frei bewegen konnten, ohne zu brechen.
Statt konventioneller rechtwinkliger Anschlüsse verwendete er
flexible Rundungen für die Wasserleitungen. Und statt der
traditionellen japanischen Dachziegel, die bei jedem Erdstoß
die Straßenpassanten in Lebensgefahr brachten, weil sie
sich lösten und herabstürzten, verwendete Wright ein leichtes
Kupferdach.
Frank Lloyd Wrights Imperial Hotel wurde 1922 nach sechs-
jähriger Planungs- und Bauzeit fertiggestellt. Die Probe auf das
Exempel kam schneller als erwartet.
Im nachhinein glaubte man sich zu erinnern, es sei kein Vormittag wie jeder andere gewesen: Fischer entsannen sich ungewöhnlich ergiebiger Fänge – die Fische seien förmlich in die
Netze gesprungen, heißt es; andere erzählten, Hunde hätten
öfter und anhaltender gebellt als sonst. Singvögel in den Bäu-
men seien lärmend aufgeflogen, unruhig wie vor einem Gewit-
ter; das Federvieh habe wie wild in den Drahtverhauen getobt.
Aber an all das und vieles andere erinnerte man sich erst
nachher.
Vieles spricht dafür, daß der Vormittag des 1. September 1923
für die meisten Menschen rund um die Sagami-Bucht, an deren
Nordrand die Städte Tokio und Yokohama liegen, ein ganz
normaler war. In den Küchen entzündet man die kleinen
Herde, auf denen das Mittagessen zubereitet werden soll.
Schulkinder büffeln in ihren Klassenzimmern. Und in den
Büros und Werkstätten, in den Fabriken und Geschäften geht
alles seinen gewohnten Gang. Um 11 Uhr 58 Minuten aber ist

es mit der Ruhe dieses Vormittags vorbei. In diesem Augenblick kommt das Erdbeben.

Was in jenen Sekunden im Gebiet der Bucht von Sagami und der an sie grenzenden Kanto-Ebene geschah, weiß man recht genau. Denn das Erdbeben vom 1. September 1923 ist nicht nur das verheerendste, das sich jemals rings um den pazifischen Bebenring ereignet hat. Es ist auch das genauest dokumentierte Beben dieser Größenordnung.

Jene, die es überlebt haben, berichten, das Beben habe sich durch ein grollendes, sehr rasch anschwellendes Geräusch aus dem Erdinnern angekündigt. Nur wenige Sekundenbruchteile danach gerät die Erde in wilde Schwingungen. Etwa ein Viertel aller Gebäude in den Städten Tokio und Yokohama brechen in diesen Sekunden des Bebens zusammen oder stürzen teilweise ein. In den küstennahen Regionen liegt der Anteil der eingestürzten Gebäude noch viel höher – bei etwa 80 Prozent. In der Nähe des Epizentrums schießen Grundwasser und Schlick aus sich plötzlich auftuenden Erdspalten meterhoch in die Luft und hinterlassen regelrechte Krater. Was nicht einstürzt und von Schlammfluten bedeckt wird, verwandelt sich binnen weniger Minuten in eine Feuerhölle. Eine Feuerwehr existiert nicht mehr – die meisten ihrer Fahrzeuge sind unter Schutt begraben, zahllose Feuerwehrleute umgekommen. Die Wasserleitungen sind ebenso geborsten wie die Telefonkabel. Dort, wo die wenigen verbliebenen Löschmannschaften sich einen Weg zu bahnen suchen, türmen sich meterhoch die Trümmer auf. Etwa 40 000 Menschen flüchten vor den Flammen in einen Park der Hauptstadt. Doch das Feuer, vor dem sie Zuflucht suchen, erreicht sie auch dort – sie sterben qualvoll in einem Feuersturm, der gewaltige Flammenzungen vor sich hertreibt und der Luft den Sauerstoff entzieht.

Bilanz dieser entsetzlichen Katastrophe, die – übertroffen nur von den Atombombenangriffen der Amerikaner auf Hiroshima und Nagasaki – jemals über Japan hereingebrochen ist: über 140 000 Tote und nahezu 20 000 Schwerverletzte.

13 Tage danach erhält Frank Lloyd Wright ein Telegramm aus der japanischen Hauptstadt:

hotel steht unbeschaedigt als monument ihrer genialität +
hunderte von obdachlosen werden mit perfektem service ver-
sorgt + glueckwunsch + imperial hotel + tokio +

Frank Lloyd Wright hatte – wenn auch nur für einen winzigen
Bereich – das Erdbeben ›überlistet‹. Diese Feuerprobe vom
1. September 1923 blieb nicht die einzige, die seine Konstruktion bravourös überstand. Während des Monats September
registrierten die Seismographen in Tokio 1256 Nachbeben –
etwa 250 von ihnen waren deutlich spürbar. Keines aber konnte
dem Imperial Hotel etwas anhaben. Im Verlauf der folgenden
Jahre überstand der Bau ein gutes Dutzend weiterer heftiger
Beben, darunter sechs Erdstöße der schlimmsten Kategorie mit
einer Magnitude von 8,0 und mehr auf der Richter-Skala.

Sechs Jahrzehnte nach dem großen Beben von Tokio ist Frank
Lloyd Wrights Konzeption der flexiblen Struktur noch immer
nicht Allgemeingut geworden. Auch heute noch werden in
allen Erdbebenregionen Bauten errichtet, die mit einem schweren Erdbeben mit großer Wahrscheinlichkeit nicht standhalten
könnten. Die Gründe: unzureichende Bauvorschriften, man-
gelnde Qualifikation der Architekten und Statiker, mangelndes
Problembewußtsein und Leichtfertigkeit der Bauherren – das
Gefühl: »Es wird schon gutgehen . . .« Aaron G. Green, Architekt in San Francisco, zieht Bilanz:

»Seit Frank Lloyd Wrights bedeutende strukturelle Konzeption
sich als richtig erwiesen hat – entgegen der Skepsis der etablierten Ingenieurwissenschaften –, sind kaum nennenswerte Beiträ-
ge zur Weiterentwicklung fortschrittlicher antiseismischer Bau-
verfahren geleistet worden. Die meisten Statiker konstruieren
immer noch in erster Linie ›Stabilität‹ und wenden dazu viel
Masse und Gewicht auf, anstatt ihren Gebäuden Kontinuität,
Flexibilität und Leichtigkeit in der Struktur zu geben, wie
Wright es mit seinen Bauten so erfolgreich demonstriert hat.
Wenn dynamische Erdbebenkräfte Gebäudekomponenten in
Bewegung versetzen, dann treten Belastungen auf, die den
Massegewichten proportional sind. Und da rennt nun der
Hund gewissermaßen im Kreis und versucht, sich selbst in den
Schwanz zu beißen: Erst wird mehr Gewicht aufgewendet, um

den Bau ›stabiler‹ zu machen; und dann muß man ihn nochmals stabiler machen, um das zusätzliche Gewicht zu kompensieren. Nehmen wir eine Muschel: Sie ist ein beispielhafter Prototyp für eine grundsätzliche, logische Struktur mit angeborener Kontinuität und Reinheit der Formgebung. Bauformen, die von derart natürlichen, einfachen Prototypen inspiriert sind, können aus sich selbst heraus außerordentlich bebenresistent sein. Denn solche Formen können Belastungen gleichmäßig auf ihre gesamte Struktur verteilen, ohne daß sich irgendwo große Energien stauen, durch die konventionelle Gebäude an ihrer schwächsten Stelle zwangsläufig zerstört werden.«

Auch der Erdbebenexperte Henry Degenkolb beklagt, daß viele Architekten und Statiker von dem neuen Wissen und den neuen Materialien nur zögernd Gebrauch machen: »Die Entwicklung der Datenverarbeitungstechnik während der letzten ein, zwei Jahrzehnte gibt den Ingenieuren eine Fülle von Möglichkeiten, das Verhalten von Strukturen unter Streß zu simulieren und Schwachstellen auszumerzen. Aber von diesen Möglichkeiten macht nur eine Handvoll Fachleute konsequent Gebrauch. Was die Zustände hier in Kalifornien angeht: Ich glaube – und in vielen Einzelfällen, die ich genauer studieren konnte, weiß ich es –, daß die meisten unserer so spektakulär aussehenden Wolkenkratzer das heute realisierbare und wirtschaftlich vertretbare Maß an Bebenresistenz darstellen. Das gilt insbesondere für unsere Stahlskelettbauten – es gibt auf der ganzen Welt bisher kein Beispiel dafür, daß ein korrekt berechneter und ordentlich ausgeführter Stahlskelettbau bei einem Erdbeben eingestürzt wäre. Bei verschiedenen Stahlbetonbauten habe ich da schon eher Zweifel. Das Problem ist: Auch unsere strengen Bauvorschriften helfen da wenig weiter. Erstens ist es administrativ schwierig und ökonomisch fragwürdig, sie ständig auf den neuesten Wissensstand zu bringen. Zweitens ist nicht immer sicherzustellen, daß sie tatsächlich eingehalten werden. Und drittens ist es durchaus möglich, ein Hochhaus so zu bauen, daß es zwar allen Vorschriften entspricht, trotzdem aber gravierende Mängel hat, weil die Gesamtkonzeption nicht stimmt, weil sie im wahrsten Sinne des

Wortes nicht ausgewogen ist. Ich fürchte, gerade bei den mittelgroßen Wohnblocks, bei einer Reihe von Industriebauten und bei zahllosen Einfamilienhäusern und Villen passiert da allerlei Problematisches. Und da werden wir bei einem schweren Beben dann zwangsläufig unangenehme Überraschungen erleben.«

Die in der Öffentlichkeit weitverbreitete Ansicht, es seien vor allem die vielstöckigen Hochhäuser und Wolkenkratzer, die bei einem Erdbeben gefährdet sind, wurde schon im Jahre 1906 während des großen Erdbebens von San Francisco widerlegt. Dieses Beben, dessen Epizentrum immerhin nur rund 15 Kilometer von San Francisco entfernt lag und das mit einer Magnitude von 8,25 auf der Richter-Skala zu den schwersten Erdbeben dieses Jahrhunderts gehört, löste zwar die Zerstörung der Stadt am Golden Gate durch eine gewaltige Feuersbrunst aus; es erbrachte aber auch den Beweis – und dies wird gemeinhin übersehen –, daß Bauten, die nach bestimmten Prinzipien errichtet werden, auch schwerste Beben relativ schadlos überstehen können. Im San Francisco des Jahres 1906 gab es zehn Hochhäuser mit mehr als zehn Stockwerken, das höchste von ihnen war das 19stöckige Spreckels Building; weitere elf Gebäude hatten zwischen sechs und zehn Stockwerke. Alle diese 21 Hochhäuser waren als reine Stahlskelettbauten ausgeführt, das heißt, alle tragenden Elemente der Konstruktion bestanden aus Stahlträgern und Stahlsäulen. Keines dieser Hochhäuser erlitt während des eigentlichen Erdbebens vom 18. April 1906 nennenswerte Schäden.

Beispiele für Stahlskelettbauten, die heftige Erdbeben nahezu unbeschädigt überstanden, gibt es auch aus späteren Jahren: die Bolivar Towers in Caracas während des Bebens von 1967, das IBM-Hochhaus in Managua während des Bebens vom 23. Dezember 1972 oder das Gebäude des Finanzministeriums in Guatemala während des Erdbebens vom 4. Februar 1976, das eine Magnitude von 7,9 auf der Richter-Skala erreichte. Der geringe Sachschaden allerdings kann nicht darüber hinwegtrösten, daß diesem Beben 22000 Menschen zum Opfer fielen.

Erdbebenresistentes Bauen, so zeigen diese und zahlreiche

andere Beispiele, ist also möglich. Und dennoch werden in den Erdbebenzonen dieser Welt überall Schulen, Krankenhäuser, Wohnblocks, Verwaltungsgebäude und Villen gebaut, die mit an Sicherheit grenzender Wahrscheinlichkeit einem starken Beben nicht werden standhalten können, weil in Entwurf und Ausführung bestimmte Grundprinzipien antiseismischer Konstruktion leichtfertig mißachtet wurden.

Wenn ein Mann wie Henry J. Degenkolb von »unangenehmen Überraschungen« spricht, auf die man sich wohl gefaßt machen müsse, dann äußert er nicht eine vage Befürchtung oder unbestimmte Ahnung. So wie es eindrucksvolle Beispiele für bebenresistentes Bauen gibt, so gibt es auch Präzedenzfälle für erschreckende Nachlässigkeit und gefährliche Ignoranz. Einige der bedauerlichsten Beispiele dieser Art haben sich vor mehr als einem Jahrzehnt ausgerechnet dort zugetragen, wo man der Erdbebengefahr vermeintlich mehr Aufmerksamkeit widmet als irgendwo sonst auf der Welt, wo man mit mehr finanziellem und personellem Aufwand als andernorts üblich ein hochindustrialisiertes Gemeinwesen vor den Gefahren eines Bebens zu schützen sucht – in Kalifornien.

San Fernando 1971 –
Ouvertüre zur Apokalypse?

Es muß genau sechs Uhr und 47 Sekunden gewesen sein, so hat Charles F. Richter nachher anhand der Aufzeichnungen seiner Instrumente ausgerechnet, als er an diesem Morgen des 9. Februar 1971 in seinem Haus in Altadena bei Los Angeles aus dem Schlaf hochschreckt. Erdbeben! Charles F. Richter, nach dessen Magnitudenskala auf der ganzen Welt die Stärke von Erdstößen berechnet wird, läuft durch das wild rüttelnde und schwankende Haus zu seinem Seismometer – jenem Gerät, das die von einem Erdbeben ausgelösten Bodenbeschleunigungen mißt. Aber Charles Richter braucht nicht die Kurven, die das Instrument in diesen Sekunden am Morgen des 9. Februar 1971 aufzeichnet, zu studieren, um zu wissen, daß dies ein starkes Erdbeben ist, das stärkste, das er je selbst miterlebt hat.

Paul und Betty More halten sich in dieser Sekunde in der Küche ihres Hauses in Sylmar auf. Barfuß und mit einem Morgenmantel bekleidet, sitzt Paul More am Küchentisch vor einer Tasse Kaffee. Betty schlägt gerade zwei Eier in die Pfanne. Da kommt das Erdbeben. Paul springt auf, hat Mühe, sich am Küchenschrank festzuhalten, auf den Beinen zu bleiben. Betty fällt schreiend zu Boden. Schranktüren öffnen sich. Gläser, Flaschen, Tassen und Teller fliegen aus den Regalen und zerbersten an den Wänden und auf dem Fußboden. Die Pfanne mit den Spiegeleiern saust vom Herd, und der tanzt – laut rüttelnd – Richtung Küchenmitte. Von der anderen Wand kommt der Kühlschrank angerutscht, Betty liegt dazwischen in einem Scherbenhaufen. »War es das?« denkt sie in dieser Sekunde.

»Werde ich nun hier sterben, unter Spiegeleiern, Essig, Glasscherben und Blut?« Paul sagt später zu einem »Newsweek«-Reporter: »Ich dachte, wir würden es nicht überleben.«

In Knollwood, einem Vorort im Norden von Los Angeles, erwachen Dr. Frederick Gruneck und seine Frau in diesem Augenblick in einem wild schwankenden Bett. Spiegel und Bilderrahmen fallen krachend zu Boden. »Wir rannten in panischer Angst ins Freie«, erinnerte sich Mrs. Gruneck. Als das Beben aufgehört hat, kehren die Grunecks in ihr Haus zurück. Der Swimmingpool im Garten ist übergeschwappt – der Scherbenhaufen im Wohnzimmer liegt in einer Wasserpfütze.

Arthur Uslan, der im Vorort Granada Hills wohnt, erinnert sich: »Es war, als hätte jemand mit einem riesigen Staubsauger alles aus den Regalen, Schränken und Schubladen gesaugt. Der Kühlschrank lag auf der Seite, die Waschmaschine und der Wäschetrockner standen plötzlich ganz woanders.«

Die Uslans fanden sich am Vormittag jenes 9. Februar, zusammen mit anderen Erdbebengeschädigten, in einem vom amerikanischen Roten Kreuz eilig eingerichteten Versorgungszentrum in der Granada Hills High School wieder. Arthur Uslan: »Das einzige, was du sahst, war die Angst in den Gesichtern der Menschen. So als wären sie ausgebombt. Keiner sprach. Sie saßen stumm und voller Schreck in ihren Autos, hatten Angst auszusteigen, weil sie fürchteten, die Erde würde sie verschlingen; hatten Angst zu essen, weil sie fürchteten zu erbrechen; und sie hatten Angst einzuschlafen, weil sie fürchteten, sie würden nicht wieder aufwachen.«

Und es starben Menschen an jenem Morgen des 9. Februar 1971 in Los Angeles. Dreizehn Kilometer vom Epizentrum des Bebens entfernt wird Jennie Ketchham, Krankenschwester am San Fernando Veterans Administration Hospital, von den Erschütterungen buchstäblich aus ihrem Bett geworfen. Draußen knallt das Garagendach auf ihr Auto. Jennie läuft aus dem Haus, den Hügel hinauf. »Das Krankenhaus«, denkt sie, »was mag mit dem Krankenhaus passiert sein?« Der Anblick, der sich ihr bietet, übertrifft ihre schlimmsten Befürchtungen: Die Gebäude I und II des Klinikkomplexes sind eingestürzt. Wenige Minuten später beginnen die Rettungstrupps des Los Angeles Fire Department, sich durch den Trümmerhaufen aus geborstenem Beton, geknickten Stahlarmierungen, zersplittertem Glas und zerkleinertem Mobiliar zu kämpfen. Als die Rettungsoperation drei Tage später beendet ist, sind 44 Opfer tot geborgen. Hunderte werden mit schweren Verletzungen oder auch nur leichten Blessuren aus den Trümmern befreit.

58 Stunden nach dem Erdbeben finden die Feuerwehrleute den letzten Überlebenden, den 68jährigen Bäcker Frank Carbonara. »Ich dachte immerzu an den Himmel«, sagt er später. »Und an Bäume. Und daran, wie Brot riecht, wenn es frisch aus dem Ofen kommt. Ich dachte an das Gesicht meiner Frau am Morgen. Solche Gedanken. Und dann hörte ich Geräusche. Sie kamen!« Sechs Monate vor diesem Erdbeben hatten die Prüfer des städtischen Bauamtes das Veterans Administration Hospital nach seiner Renovierung überprüft – und für sicher befunden.

Der Einsturz des 400-Betten-Hospitals blieb nicht die einzige Katastrophe am Morgen des 9. Februar 1971. Drei Kilometer entfernt bersten Beton, Glas und Aluminium im Olive View Hospital. Das Notaufnahmezentrum und der Küchentrakt stürzen ein. Glücklicherweise sind die Räume zu dieser Zeit menschenleer. Schwere Schäden verursacht das Beben auch in anderen Krankenhäusern – insgesamt siebzehn Kliniken im Norden von Los Angeles werden zerstört oder erheblich beschädigt.

Verwüstungen richtet das Erdbeben auch im zentralen Fernmeldeamt der General Telephone Co. in Sylmar an: Relaisschränke stürzen um, 9500 Telefonanschlüsse sind vom Augenblick des Bebens an lahmgelegt. Telefongespräche sind von dieser Sekunde an in einem Gebiet von 15 Quadratkilometern nicht mehr möglich. Schwere Schäden erleiden auch die Leitungsnetze für automatische Feuermelder, Sprinkleranlagen und Notrufe. Gleiches gilt für die Versorgungsleitungen: Im Umkreis des Epizentrums wird man später 876 Wasserrohrbrüche, 380 Lecks im Gasleitungsnetz und 1155 geborstene Abwasserrohre zählen. Zu den Auswirkungen dieses Bebens gehörte auch ein totaler Stromausfall im gesamten San Fernando Valley, in großen Teilen von Hollywood und in einigen Innenbezirken von Los Angeles.

Spektakuläre Zerstörungen hat das Erdbeben im Highway-Netz im Norden von Los Angeles zur Folge: Nicht weniger als zehn Überführungen des »Golden State Highway«, des Interstate 5, stürzen ein – darunter eine eben erst fertiggestellte Autobahnbrücke am Knotenpunkt der Interstate Highways 5 und 210. Nur dem Umstand, daß zu dieser Zeit, um sechs Uhr früh, der Verkehr auf den Highways noch sehr schwach läuft, ist es zu verdanken, daß diese Brückeneinstürze nur zwei Todesopfer fordern.

Schäden wie die in Los Angeles sind normal für schwere Erdbeben. Doch war es keineswegs eines jener katastrophenträchtigen Beben, das da über die kalifornische Metropole hereingebrochen war. Mit einer Magnitude von 6,6 auf der Richter-Skala gehörte es in die Kategorie der ›gemäßigten‹ Erdstöße; Beben dieser Magnituden-Klasse ereignen sich auf der ganzen Welt im statistischen Mittel alle drei Tage – mehr als hundertmal im Jahr! Doch der von diesem ›gemäßigten‹ Beben angerichtete Sachschaden überstieg bei weitem alle Erwartungen der Fachleute. Das galt nicht allein für die spektakulären Zerstörungen an jenen Highway-Brücken, die nach neuesten Erkenntnissen und in Übereinstimmung mit den Bauvorschriften errichtet worden waren; es galt nicht nur für die Schäden an den Krankenhäusern, am Wasserleitungs- und Fernmeldenetz; es galt auch für die immensen Verwüstungen, die das Erdbeben in den angrenzenden Regionen auslöste: 4000 Gebäude im Los Angeles County wurden total zerstört. Selbst im Spielerparadies Las Vegas, 450 Kilometer im Nordosten, fiel an diesem Morgen von einigen Wänden der Putz, und die Kronleuchter in den Spielkasinos gerieten ins Schaukeln. In Fresno, 360 Kilometer nördlich, klapperten die Teller, Tassen und Gläser in den Küchenschränken. Und die Flugzeugbaufirma Lockheed in Burbank mußte an diesem 9. Februar 16000 Angestellte wieder nach Hause schicken – die Fabrikhallen waren von gesplittertem Glas übersät.

Die Wolkenkratzer in Downtown Los Angeles, in Hollywood und in Beverly Hills schwankten beinahe wie Grashalme im Wind, aber sie hielten dem Beben stand. Nur hier und da platzte eine Fassadenplatte und ging zu Bruch. Diese Stadtteile aber waren bereits relativ weit vom Epizentrum des Bebens entfernt – ob die modernen Hochbauten auch standgehalten hätten, wenn das Bebenzentrum zehn oder 15 Kilometer näher gelegen hätte, ist eine offene Frage. Die vielleicht verwirrendste Erkenntnis, die sich nach dem Beben vom 9. Februar 1971 ergab, war diese: Die Bodenbeschleunigungen in der Umgebung des Epizentrums übertrafen um ein Vielfaches die von den Experten für einen Erdstoß dieser Magnitude angenommenen Werte.

Ein Meßinstrument, das am Pacoima-Staudamm, acht Kilometer vom Epizentrum entfernt, installiert war, registrierte in den zwölf Sekunden, die das Beben dauerte, Bodenbeschleunigungen von 0,5 bis 0,75 G und Spitzenwerte von 1 g, also 100 Prozent der Erdbeschleunigung. Diese Messungen stellten die bis dahin gemachten Prognosen so ziemlich auf den Kopf. Die Fachleute des CalTech, des California Institute of Technology, zogen denn auch nach dem San Fernando-Beben den Schluß, es sei an der Zeit, »über die tatsächlichen Belastungen, denen Baukonstruktionen bei solch starken Bodenbeschleunigungen ausgesetzt sind, realistischer als bisher nachzudenken«.

Welches Ausmaß diese Bodenbewegungen in der Nähe des Epizentrums erreichten, wird verständlicher, wenn man sich die folgende Episode des San Fernando-Bebens vor Augen führt: In der Garage einer Feuerwehrstation, knapp 13 Kilometer vom Epizentrum entfernt, war an diesem Morgen ein 20 Tonnen schweres Löschfahrzeug geparkt. Der Zwanzigtonner wurde von den Oberflächenwellen des Bebens buchstäblich in die Luft katapultiert. Er tanzte auf dem heftig schwingenden Betonboden der Garage, vollführte dabei seitliche Sprünge von mehr als zwei Metern und Vorwärts- und Rückwärtsbewegungen von nahezu einem Meter.

Das Pacific Fire Rating Bureau, eines der bedeutendsten Beratungsunternehmen für die amerikanische Versicherungswirtschaft, an dessen Spitze damals der renommierte Erdbebenexperte Karl F. Steinbrugge stand, konstatierte in einem detaillierten Untersuchungsbericht die Schäden des San Fernando-Bebens: »Die Bebenkräfte in der am stärksten betroffenen Region des San Fernando Valley übertrafen bei weitem die den Bauvorschriften zugrunde gelegten Annahmen und waren erheblich stärker, als von den Ingenieuren und Seismologen prognostiziert. Unter diesen Umständen stürzten moderne, bebenresistente Konstruktionen ein oder wurden schwer beschädigt.«

Im Hinblick auf die Verwüstungen, die das Erdbeben in einigen Krankenhäusern angerichtet hatte, stellte das Pacific Fire Rating Bureau fest: »Leider gibt es, trotz der potentiellen Gefahren, die vielen sachkundigen Experten durchaus vertraut sind, keine gesetzlichen Restriktionen, die den Bau von Kliniken oder anderen Einrichtungen von vitaler Bedeutung auf bekannten Erdbebengräben verbieten...«

In der Tat: Es gibt solche gesetzlichen Bestimmungen nicht. Und so werden in ganz Kalifornien unbeirrt Wohn- und Geschäftshäuser, Verwaltungsgebäude, Kliniken, Schulen und Highways auf Baugrund errichtet, der von Erdbebenfaults durchzogen ist. Was im Falle eines schweren Bebens mit solchen Gebäuden geschehen kann, zeigte sich im Jahre 1906, als während des großen Erdbebens in der Umgebung von San Francisco Farmhäuser buchstäblich entzweigerissen und Weidezäune um nicht weniger als sechs Meter versetzt wurden. Auch während des sehr viel schwächeren San Fernando-Bebens beobachtete man in unmittelbarer Nähe der Bebengräben Bodenbewegungen von bis zu einem Meter in horizontaler und vertikaler Richtung.

Die Bilanz dieses Erdbebens ist ambivalent: Feuerwehr, Polizei und Rettungsdienste reagierten schneller und reibungsloser auf die Katastrophe, als Skeptiker das in einem solchen Fall für möglich gehalten hatten. Gravierende Pannen in der Organisation der Rettungsarbeiten gab es nicht, und insbesondere die freiwilligen Helfer des American Red Cross leisteten bravourös und effektiv Hilfe bei der Bergung der Verletzten und der

Versorgung von Zehntausenden, die durch das Beben ihre Häuser verloren hatten.

Andererseits: Gas-, Wasser-, Strom- und Fernmeldeleitungen fielen vielerorts im Katastrophengebiet für Tage aus. Der Sachschaden, den dieses Beben verursachte, belief sich wohl auf mehr als 500 Millionen Dollar – volkswirtschaftliche Verluste wie Produktionsausfälle nicht eingerechnet. Die Gesamtschäden des San Fernando-Bebens liegen damit in einer ähnlichen Größenordnung wie die des Erdbebens in San Francisco vom Jahre 1906. Nur: Jenes San Francisco-Beben war rund 1000mal stärker als der Erdstoß, der am Morgen des 9. Februar 1971 den Norden von Los Angeles erschütterte – ein augenfälliger Beweis dafür, wieviel verwundbarer Kalifornien heute auch schon bei gemäßigteren Erdbeben ist als noch vor sieben, acht Jahrzehnten!

Nein, es war nicht *The Big One*, das große Beben, von dem die Kalifornier immer wieder in den Zeitungen lesen und das ihnen immer wieder in Aussicht gestellt wird. Die Frage, was in Los Angeles an jenem Morgen geschehen wäre, hätte es sich um ein Beben der Magnitude 7,5 oder 8 gehandelt, quält seither viele Fachleute und Laien. Aus diesem bislang bestdokumentierten, unendlich oft ›vermessenen‹ Erdbeben (nie zuvor hat sich auf der Welt ein Erdbeben in einer so dicht mit Meßinstrumenten überzogenen Region ereignet!) haben die Fachleute eine Reihe höchst beunruhigender Erkenntnisse gewonnen. Die erschrekkende Einsicht war: Ein nur um wenige Dezimalstellen auf der Magnitudenskala stärkeres Beben hätte an jenem Morgen Los Angeles in eine verheerende Katastrophe gestürzt. Denn schon dieses eher ›harmlose‹ Beben der Magnitude 6,6, das etwa zwölf Sekunden lang dauerte, brachte Los Angeles ganz knapp an den Rand eines Desasters, dessen Opfer nicht mehr nach Hunderten oder Tausenden zu zählen gewesen wären, sondern nach Zigtausenden . . .

Am Ostausläufer der Santa Susanna Mountains, 20 Meilen Luftlinie vom Stadtzentrum Los Angeles entfernt, liegt der Lower Van Norman-Staudamm. Er gehört zum Gesamtkomplex der San Fernando-Stauseen. In diesem Bezirk gibt es drei aufgeschüttete Staudämme. Stauseen findet man zu Hunderten in Kalifornien: Sie sammeln das Wasser der während der Herbst- und Winterregen anschwellenden Flüsse und sind für die Wasserversorgung der Bevölkerung während der regenarmen Sommer unersetzlich. Der Lower Van Norman-Damm wurde im Jahre 1915 aufgeschüttet und in späteren Jahren, zuletzt 1930, auf seine endgültige Höhe von 142 Fuß, das sind umgerechnet knapp 44 Meter, gebracht. Die Dammkrone ist etwa sechseinhalb Meter breit und mißt immerhin 726 Meter in der Länge. Die dem Wasser zugewandte Seite des Staudammes ist mit einer 15 Zentimeter dicken Stahlbetonschicht abgedeckt. Alles in allem besteht dieser Wall aus 3,5 Millionen Kubikmetern aufgetürmter Erde, Sand, Gesteinsbrocken und Geröll. 1967 waren von den Genehmigungsbehörden für das Stauwerk reduzierte maximale Staumengen festgelegt worden: Der Höchstwasserstand am Staudamm wurde von da an um 3,2 Meter gesenkt – Begründung: Das Alter des Dammes und diverse Ungewißheiten über seine Konstruktion vor mehr als einem halben Jahrhundert und seine tatsächliche Belastbarkeit . . .

Das Erdbeben vom Morgen des 9. Februar 1971 schuf Klarheiten über die Belastbarkeit des Lower Van Norman-Dammes. Zu den Glücksfällen, die es, wie in jeder, auch in dieser tragischen Katastrophe gab, gehört, daß der Stausee nach dem regenarmen Winter 1970/71 nicht bis zu der von Fachleuten noch drei Jahre zuvor für unbedenklich gehaltenen maximalen Kapazität gefüllt war, sondern nur zu etwas mehr als der Hälfte. Was mit diesem Staudamm am 9. Februar um eine Minute nach sechs geschah, ist seither Alptraum Hunderttausender von Kaliforniern, die unterhalb ähnlicher Staubecken wohnen. Auf einer Länge von 600 Metern rutschte die Dammkrone und die zur Stauseite hin gelegene Stahlbetonbefestigung mitsamt dem darunterliegenden aufgeschütteten Erdreich in den Stausee hinein – binnen weniger Sekunden verringerte sich schlagartig die Höhe des Staudamms um rund zehn Meter. Die Experten der staatlichen kalifornischen Staudammbehörde rechneten nachher aus, daß sich im Augenblick des Erdbebens gut 800 000 Kubikmeter aufgeschüttetes Erdreich in Bewegung gesetzt haben müssen. Ursache dafür war die Verflüssigung des aufgeschütteten wassergesättigten Materials, aus dem der Damm besteht, durch die Erdbebenwellen – ein ähnlicher Effekt also, wie er sich bereits beim Niigata-Beben im Jahre 1964 und beim Alaska-Erdbeben vom gleichen Jahr so dramatisch ausgewirkt hatte.

80 000 Menschen, die unterhalb des Lower Van Norman-Dammes leben, entgehen an jenem Morgen knapp einer Katastrophe: Zum Zeitpunkt des Erdbebens liegt der Wasserspiegel des Stausees 11,66 Meter unter der Dammkrone – nachdem sich die Höhe des Dammes im Augenblick des Erdbebens um ganze 10 Meter reduziert hatte, blieb noch eine schmale Marge von 1,66 Meter Dammhöhe. Wäre der Wasserstand an jenem Morgen auch nur zwei, drei Meter höher gewesen, so wären die unterhalb des Dammes gelegenen Häuser von einer gewaltigen, alles mit sich reißenden Flutwelle hinweggespült worden.

Jene 80 000, die das Erdbeben eben überstanden haben, werden am Morgen des 9. Februar in aller Eile über Lautsprecherdurchsagen aus Polizei-Streifenwagen und Hubschraubern zum Verlassen ihrer Häuser aufgefordert; wer das Gefahrengebiet nicht freiwillig verläßt, wird mit mehr oder minder sanfter Gewalt fortgebracht. All dies geschieht, was Polizei, Feuerwehr und die anderen Rettungsdienste angeht, mit beispielhafter Effizienz und in kürzester Zeit – beides, Organisation und schnelles Handeln, scheinen vonnöten: Denn niemand weiß in diesen Minuten, wie lange der Damm noch halten wird ... schon ein mittelschweres Nachbeben könnte den Staudamm noch einmal zusammensacken lassen, könnte ihn so belasten, daß er die hinter ihm aufgestauten gewaltigen Wassermassen nicht länger hält.

Alles geht noch einmal gut. Der Norden von Los Angeles entgeht an diesem Morgen knapp der womöglich größten Katastrophe, die sich in den Vereinigten Staaten bis dahin ereignet hätte.

Der Lower Van Norman-Stausee ist nur eines von 204 Reservoirs in der Umgebung von Los Angeles, und keineswegs eines der größten. Seit jener Beinahe-Katastrophe hat es an Aufforderungen, die Erdbebenfestigkeit der vielen hundert Staudämme und Staumauern in Kalifornien einer sorgfältigen Prüfung zu unterziehen, nicht gefehlt. Der offizielle Untersuchungsbericht, der nach dem San Fernando-Beben erstellt wurde, konstatiert: »Es ist dringend erforderlich zu klären, was in diesem Fall passierte, warum es passierte und was zu tun ist, um zu verhindern, daß unter vergleichbaren Umständen sich ähnliches an anderen Staudämmen wiederholt . . .«

Stauseen verursachen Erdbeben!

Ist es ausgeschlossen, daß sich die Beinahe-Katastrophe am Lower Van Norman-Damm wiederholt? Nein.

Gibt es Grund zu der Annahme, daß in vergleichbaren Fällen Dämme, die ähnlichen Belastungen ausgesetzt werden wie der Lower Van Norman-Damm, halten werden? Daß wieder durch puren Zufall der Wasserspiegel unter der kritischen Grenze bleibt? Nein. Kann man sich darauf verlassen, daß auch ein künftiges vergleichbares Beben rechtzeitig aufhören wird, bevor die aufgeschütteten Erdmassen sich völlig verflüssigen und im wahrsten Sinne des Wortes davonfließen? Sicher nicht.

Staudämme – ihnen kommt in Kalifornien eine Schlüsselfunktion zu, wenn man der Frage nachgeht, welche Chancen dieser Staat hat, *The Big One*, das große Beben, einigermaßen heil zu überstehen. Staudämme sind nicht nur Bestandteile der Infrastruktur mit einem enormen Gefahrenpotential, weil sie gewaltige Wassermassen aufstauen, die bei einem Bruch des Dammes als Flutwellen zu Tal stürzen. Staudämme, so weiß man inzwischen, sind nicht nur besonders verwundbar – Staudämme lösen unter Umständen sogar Erdbeben aus!

Zwei amerikanische Geologen, Desiree Stuart-Alexander und Robert Mark vom U.S. Geological Survey in Menlo Park, haben vor einiger Zeit die weltweiten Erdbebenstatistiken analysiert und eine beunruhigende Entdeckung gemacht: In der unmittelbaren Umgebung großer Stauseen ereignen sich überdurchschnittlich viele Erdbeben! Bei näherem Hinsehen ergab sich eine ziemlich eindeutige Korrelation von Stauvolumen, also der Menge des hinter einem Damm aufgestauten Wassers, und der Häufigkeit und Stärke der dort registrierten Erdbeben.

Ein Beben, das man ursächlich wahrscheinlich mit Staudämmen in Verbindung bringen muß, ereignete sich am 1. August 1975 in Nordost-Kalifornien. Es erreichte eine Magnitude von 5,7 auf der Richter-Skala. Der Oroville-Damm ist mit einer Höhe von 236 Metern und einer Staukapazität von 4,4 Milliarden Kubikmetern Wasser der größte Staudamm des nordamerikanischen Kontinents. Nach der Fertigstellung des Damms im Herbst 1967 wurde das Reservoir langsam gefüllt – im September 1968 war diese Arbeit abgeschlossen. Die Region rings um den Damm galt in den Jahrzehnten zuvor als seismisch ruhig, aber dennoch installierte man bei Baubeginn des Dammes im Jahre 1963 eine Reihe von Seismographen. Sie zeigten weder während der Füllung des Damms noch während der Jahre darauf irgendeine signifikante Zu- oder Abnahme der geringen seismischen Aktivität. Ende Juni 1975 aber begannen die Schreibhebel der Seismographen auszuschlagen: Im Verlauf des folgenden Monats wurden nicht weniger als zwanzig schwache Erdstöße registriert – der stärkste erreichte immerhin eine Magnitude von 4,7, war also für die Einwohner in unmittelbarer Nähe des Damms deutlich spürbar.

Am 1. August schließlich setzte früh morgens eine deutliche Serie von Erdbeben ein, die auch in der Erdbebenwarte der Universität Berkeley die Alarmsirenen aktivierte. Professor Bruce Bolt, der als Gutachter an der Planung und Ausführung des Oroville-Dammes mitgewirkt hatte, glaubte angesichts dieser Serie von Erdstößen, Grund zur Sorge zu haben: Er alarmierte die zuständigen Behörden – möglicherweise, so der Seismologe, werde die Bebenserie in einem schweren Erdstoß kulminieren. Das California Department of Water Resources setzte sogleich ein Team von Ingenieuren in Marsch, um den Damm zu inspizieren. Noch während die Experten an der Arbeit waren, ereignete sich tatsächlich das von Professor Bolt befürchtete Erdbeben. Es erreichte eine Magnitude von 5,7 auf der Richter-Skala.

Die nach diesem Oroville-Erdbeben entbrannte Debatte, ob der Damm möglicherweise die Erdstöße ausgelöst habe, ist immer noch im Gange. Es ist eine im Grunde keineswegs neue Debatte: Interessanterweise wurde diese Frage schon in den siebziger Jahren des 19. Jahrhunderts diskutiert – damals verwarf man Pläne für den Bau eines Staudammes in Südkalifornien mit der Begründung, »die aufgestauten Wassermassen könnten Erdbeben auslösen«. Sechs Jahrzehnte später begann man erstmals, exaktes Datenmaterial zu diesem Problem zu sammeln: 1935 war an der Grenze zwischen Arizona und Nevada der gewaltige Hoover-Damm fertiggestellt worden – eine 221 Meter hohe Betonmauer in einem engen Canyon des Colorado. Während in den Jahren 1935 und 1936 der Wasserspiegel hinter der neuen Staumauer anstieg und das Wasser des Colorado allmählich einen riesigen Stausee bildete, registrierte man zahllose schwache und eine ganze Reihe deutlich spürbarer Erdstöße, deren Herde meist in geringen Tiefen lagen. Ganz ähnliche Beobachtungen hat man auch in anderen Teilen der Welt gemacht: 1958 begann man in Kenia mit der Füllung des Kariba-Stausees. Fünf Jahre dauerte es, bis der See sich gefüllt hatte, und während dieser Zeit ereigneten sich in der unmittelbaren Umgebung des Dammes mehr als 2000 Erdbeben – das stärkste wurde im September 1963 registriert und erreichte eine Magnitude von 5,8. Erdbebenserien dieser Art ereigneten sich auch während der Füllung des Koyna-Stausees in Indien seit 1962. Hier kulminierte die Bebenserie in einem starken Erdstoß der Magnitude 6,5 am 11. Dezember 1967 – 177 Menschen kamen ums Leben, über 1500 erlitten Verletzungen. Die Seismographen am Koyna-Stausee registrierten stets dann eine deutliche Zunahme der Bebentätigkeit, wenn der Wasserstand hinter der Staumauer besonders hoch lag.
Eine deutliche Zunahme der Seismizität beobachtete man auch nach der Fertigstellung des 105 Meter hohen Hsingfengkiang-Staudammes in China – in diesem seismisch zuvor ruhigen Gebiet wurden zwischen 1959, als die Füllung des Stausees begann, und 1972 nicht weniger als 250000 Erdbeben registriert.

Eine zunächst unerklärliche Serie von Erdstößen setzte auch während der Füllung des 150 Meter hohen Kremasta-Staudammes in Griechenland ein. Das stärkste dieser Beben hatte eine Magnitude von 6,2 und richtete erhebliche Zerstörungen an – ein Mensch kam ums Leben, 60 wurden verletzt.

Während inzwischen bei Staudammbauten auf der ganzen Welt die Seismologen ihr Datenmaterial komplettieren, sucht man noch nach einer schlüssigen Erklärung für dieses Phänomen. Die von einigen Experten vertretene These, der Druck der aufgestauten Wassermassen auf das darunterliegende Krustengestein führe womöglich dazu, daß sich Spannungszustände im Gestein ruckartig lösen, ist umstritten: Selbst jene Millionen Tonnen Wasser eines großen Stausees führen in einigen Kilometern Tiefe im Gestein nur zu minimalen Belastungen, argumentieren die meisten Geologen. Wahrscheinlicher ist in der Tat eine andere Hypothese: Die aufgestauten Wassermassen setzen das im Gestein gespeicherte Grundwasser unter starken Druck, pressen es in tiefere Schichten hinab und drücken es in die mikroskopisch feinen Gesteinsporen.

Daß solche ›Wasserinjektionen‹ die Festigkeit des Gesteins reduzieren und unter Streß stehende Gesteinsschichten brechen lassen können, weiß man seit einigen Jahren. Auf die Spur kam man diesem Phänomen zuerst in den Jahren 1962 und 1965. Damals setzte ziemlich unvermittelt eine Erdbebenserie in der Nähe der amerikanischen Stadt Denver im Staat Colorado die Geologen in Erstaunen – die Region war zuvor nicht durch besondere Seismizität in Erscheinung getreten, nun aber registrierten die Seismographen zwischen April 1962 und September 1963 über 700 Erdstöße, die stärksten von ihnen mit einer Magnitude von 4,3. Die meisten Epizentren lagen auffällig dicht beieinander – innerhalb eines Radius von etwa acht Kilometern um das Rocky Mountain Arsenal der U.S. Army, die hier Waffen produziert. Ein Abfallprodukt dieser Waffenschmiede ist leicht radioaktives Wasser. Jahrelang ließ man diese Abwässer in großen Becken verdunsten. Dann, 1962, begann man, den flüssigen Giftmüll unter hohem Druck in die Tiefe zu pumpen – durch ein 3670 Meter tiefes Bohrloch wurde das Wasser ins Gestein gepreßt. Kurz nachdem man mit diesem Verfahren am 8. März 1963 begonnen hat, setzte die Erdbebenserie ein. Am 30. September 1963 wurden die Wasserinjektionen zunächst eingestellt – und auch die Erdbebentätigkeit ging deutlich zurück.

Mit der Wiederaufnahme der Pumparbeiten ein Jahr darauf schließlich nahmen auch die Erdstöße wieder zu.

Die Statistiken sind so eindeutig wie nur denkbar: Die Anzahl der Erdstöße steigt und fällt eindeutig mit der Menge des in die Tiefe gepreßten Wassers. Es gab keine begründeten Zweifel, daß die Wasserinjektionen bei Denver der auslösende Faktor für die Erdstöße waren. 1969 erhärtete sich diese Hypothese: Wissenschaftler des U.S. Geological Survey pumpten Wasser unter hohem Druck in einige ausgediente Bohrlöcher auf ehemaligen Ölfeldern im Westen Colorados. Wieder zeigte sich die gleiche Korrelation: Je mehr Wasser man in die Tiefe pumpte, desto mehr Erdstöße ereigneten sich. Und umgekehrt: Wann immer man dem Tiefengestein Wasser entzog, ging die Seismizität deutlich zurück.

Wie ist das zu erklären? Wasser wirkt offenbar im Gestein wie ein ›Schmierstoff‹: Wassergesättigtes Gestein, so scheint es, ist weniger belastbar, und dies wirkt sich in Bruchzonen in der Erdkruste, wo der Fels unter Druck gerät, in der Weise aus, daß dieses Gestein schon bei geringerem Druck ruckartig nachgibt. Die Wasserinjektionen von Denver scheinen also latente Erdbebenherde gewissermaßen vorzeitig ›zu Bruch‹ gebracht zu haben. Sehr wahrscheinlich passiert etwas ganz Ähnliches in der Umgebung großer Stauseen.

An diese Entdeckung schloß sich seinerzeit sogleich diese Überlegung an: Wenn Wasserinjektionen die Festigkeit des Gesteins herabsetzen, es also früher brechen lassen, wäre dies dann nicht eine probate Methode, einem katastrophalen Erdbeben vorzubeugen? Man könnte doch, so meinten einige Wissenschaftler, etwa längs des San-Andreas-Grabens oder anderer bebenträchtiger Faults in bestimmten Abständen Wasser tief ins Gestein pressen, dadurch ungefährliche Mini-Erdbeben auslösen und verhindern, daß sich so irgendwo in der Tiefe ein allzu großes Streßpotential aufstaut. Kurz gesagt: Viele kleine kontrollierbare Erdbeben statt des einen großen Bebens. Der Gedanke besticht auf den ersten Blick. Aber er hat einen Haken: Zum einen ist ja keineswegs sicher, daß durch diese Wasserinjektionen tatsächlich nur harmlose kleine Spannungspotentiale abgebaut würden – was, wenn ein solches Experiment irgendwo in der Tiefe ein unerkanntes großes Streßpotential aktiviert und ein gewaltiges Erdbeben mit katastrophalen Schäden auslöst? Das Argument, dieses große Erdbeben hätte sich auch ohne Wasserinjektion vermutlich einige Zeit später ereignet – und dann vermutlich mit noch verheerenderen Folgen –, würde wohl jene, die das Experiment durchgeführt haben, kaum vor einer Flut von Regreßklagen bewahren. Auch die technischen Probleme sind kaum zu bewältigen: Selbst wenn es gelänge, alle verborgenen Bruchzonen, längs derer sich gefährliche Energien im Gestein aufstauen, ausfindig zu machen (was schon nahezu unmöglich ist), so müßte man einen Staat wie Kalifornien vermutlich mit einem dichten Netz von Bohrlöchern überziehen, die ständig unter Druck gesetzt werden müßten. Der gewaltige finanzielle und wissenschaftliche Aufwand, den das bedeuten würde, ließe sich ohne Zweifel effektiver zur Sicherung bestehender Gebäude, zur Weiterentwicklung erdbebenresistenter Bauverfahren und zur besseren technischen Ausrüstung und Schulung der Rettungsdienste einsetzen.

Countdown für Kalifornien

Als ich das Arbeitszimmer des Direktors der Erdbebenwarte der Universität von Kalifornien in Berkeley betrete, steht Bruce Bolt von seinem Schreibtisch auf und sagt, auf mich zugehend, noch vor der Begrüßung: »Sie wollen also wissen, warum es noch nicht gekommen ist!« Er lacht dabei und schüttelt mir dann die Hand. Drei Jahre zuvor war ich in diesem Büro gewesen, hatte mit Bruce Bolt lange über die Frage debattiert, wann es wohl soweit sein werde – wann das große Beben kommen werde. Damals hatte er zum Abschied gesagt: »Nichts spricht dagegen, daß es kommt, noch während Sie auf der Treppe sind – ich hoffe doch, Sie nehmen die Treppe und nicht den Lift . . .!«

Der Seismologieprofessor Bruce Bolt, einer der renommiertesten Erdbebenexperten weltweit, lebt nicht in ständiger Angst vor dem *Big One*, er lebt nicht in Endzeiterwartung. Er ist auch kein Mann, der zu übertriebener Hysterie oder Sensationsmache neigt. Wenn er sich, öffentlich oder privat, Gedanken über das Wann und Wie des großen Bebens macht, dann gibt er nicht Spekulationen oder vage Vermutungen von sich:

»Wir verfügen für Kalifornien über zuverlässige Aufzeichnungen der Erdbebentätigkeit seit etwa dem Jahre 1800. Seither hat es hier zehn schwere Erdbeben mit einer Magnitude von 7,0 und mehr gegeben. Die letzten dieser Beben waren das vom 18. April 1906 in San Francisco mit einer Magnitude von 8,3 und ein Beben der Magnitude 7,2 in Kern County, Südkalifornien, im Jahre 1952. Wenn wir uns nur auf wirklich katastrophale Beben konzentrieren, dann liegt das letzte Beben in Südkalifornien sogar noch viel weiter zurück: Es ereignete sich 1857 im südlichen Teil des San-Andreas-Grabens und hatte eine vermutete Magnitude von 8,3. Seither haben wir hier relative Ruhe – eine Reihe mittlerer Erdbeben, sicher, aber kein Beben der ›Katastrophenkategorie‹. Das ist zwar einerseits sehr erfreulich: Wer wünscht sich schon ein Erdbeben! Andererseits aber ist dieses ›Defizit‹ außerordentlich beunruhigend: Denn über lange Zeiträume betrachtet, treten Erdbeben in dieser Region mit einer ziemlichen Regelmäßigkeit auf. Es ist also nur eine Frage der Zeit, bis das nächste katastrophale Beben eintritt – und da seit dem letzten Ereignis dieser Art nun schon sehr viel Zeit vergangen ist, haben wir Grund zu der Befürchtung, daß dieses nächste Beben praktisch unmittelbar bevorsteht!«

Schon ein oberflächlicher Blick auf die seismologische Zeittafel Kaliforniens genügt, um Bruce Bolts Befürchtungen nachvollziehen zu können. Nehmen wir einmal alle Erdbeben in Kalifornien mit einer Magnitude von 7,0 und darüber. Seit 1836 haben sich zehn solcher Beben ereignet:

Jahr	Region	Magnitude
1836	San Francisco Bay	7,0+
1838	San Francisco Bay	7,0+
1857	Carrizo-Ebene	8,3+
1868	San Francisco Bay	7,0+
1872	Owens Valley	8,3+
1906	San Francisco	8,3
1922	Cape Mendocino	7,5+
1927	Pt. Conception	7,3
1940	Imperial Valley	7,1
1952	Kern County	7,2

Im Durchschnitt entspricht das einer Häufigkeit von einem Erdbeben alle 15 Jahre. Die tatsächlichen Intervalle zwischen den Beben allerdings variieren (wie bei Beobachtung dieses relativ kurzen Zeitraumes nicht anders zu erwarten) recht stark: Sie liegen zwischen einem Minimum von zwei und einem Maximum von 34 Jahren. Das letzte Beben ereignete sich im Jahre 1952 in Kern County – und der Zeitraum seither kommt nun der bislang registrierten maximalen ›Ruheperiode‹ zwischen zwei schweren Erdbeben bereits sehr nahe; sie dauert bereits jetzt doppelt so lange an wie die Erdbebenpausen im langjährigen Mittel! Natürlich ist nicht ausgeschlossen, daß, über viele Jahrhunderte betrachtet, sogar bebenfreie Perioden von vierzig oder gar fünfzig Jahren auftreten könnten – nur: Wahrscheinlich ist dies nicht. Es ist, nach unseren bisherigen Erdbebenstatistiken und nach unserem Wissen über die offenbar recht gleichförmig und kontinuierlich ablaufenden geologischen Prozesse, sogar ziemlich unwahrscheinlich.

Bei Betrachtung längerer Zeiträume ergibt sich ein ähnlich beunruhigendes Bild. Der amerikanische Geologe Kerry E. Sieh hat Aufzeichnungen über schwere Erdbeben längs eines Sektors des San-Andreas-Grabens im Zeitraum von 545 n. Chr. bis 1859 zusammengetragen. Natürlich ist das dieser Aufstellung zugrunde liegende statistische Material nicht von der gleichen Zuverlässigkeit wie Erdbebenstatistiken aus unserer Zeit. Aber immerhin offenbart dieser mit viel Akribie zusammengestellte Erdbebenkatalog doch gewisse Regelmäßigkeiten: Danach ereignen sich hier schwere Erdbeben im Durchschnitt etwa alle 164 Jahre, wobei die tatsächlichen Intervalle zwischen mindestens 55 und höchstens 275 Jahren variieren. Diese Berechnung stützt sich nun allerdings nur auf Datenmaterial *eines* Sektors *einer* Bruchzone, nämlich des San-Andreas-Grabens zwischen Paso Robles und dem Coachella Valley. Um Aussagen über *ganz* Kalifornien machen zu können, muß man diese Zahlen hochrechnen. Wenn man dies nun nur für den nördlichen, von Kerry Sieh nicht berücksichtigten Verlauf des San-Andreas-Grabens tut, dann verkürzt sich das statistische Mittel, in dem schwere Erdbeben zu erwarten sind, bereits auf rund 80 Jahre. Um Aussagen über das gesamte Gebiet von Kalifornien machen zu können, müßte man nun noch weiter extrapolieren: Denn neben dem San Andreas Fault haben auch eine Reihe weiterer Gräben, wie zum Beispiel der Hayward Fault, in der Vergangenheit schwere Erdbeben ausgelöst. Wenn man vernünftigerweise sie alle als mögliche Schauplätze einer künftigen Bebenkatastrophe mit in die Rechnung einbezieht, dann ergibt sich ein statistisches Intervall von nur mehr etwa 15 Jahren zwischen zwei Erdbeben einer Magnitude von 7,0 und darüber.

Diese aus der Analyse von immerhin knapp 1500 Jahren Erdbebengeschichte hochgerechneten Daten sind von größerer Aussagekraft als alle über den Zeitraum der letzten 150 Jahre gewonnenen Statistiken – dies um so mehr, als sie diese ›jüngeren‹ Daten, die zwar auf exakteren Aufzeichnungen, aber eben über einen sehr viel kürzeren Zeitraum beruhen, auffällig bestätigen: Beides, die Analyse der Erdbebentätigkeit während der letzten 150 Jahre und Kerry Siehs Analyse der letzten 1500 Jahre Bebentätigkeit am San Andreas Fault legen ein und dieselbe Schlußfolgerung nahe – selbst sehr zurückhaltend formuliert, muß sie lauten: Die Wahrscheinlichkeit, daß Kalifornien innerhalb des laufenden Jahrzehnts, also bis 1989, ein schweres Erdbeben zu bestehen haben wird, ist deutlich größer als die Wahrscheinlichkeit, daß dies nicht der Fall sein wird. Bruce Bolt formuliert es so: »Wenn wir die Situation praktisch betrachten, müssen wir davon ausgehen, daß es bis zum Ende dieses Jahrzehnts passieren wird – womit nicht gesagt ist, daß wir bis zum Ende dieses Jahrzehnts Zeit haben.« Er guckt mich kurz an, lächelt und sagt: »Sie erinnern sich, was ich vor drei Jahren gesagt habe? Daß es passieren könnte, während Sie noch auf der Treppe sind? Voila, das galt damals, und heute gilt es noch mehr!«

Viele Menschen in San Francisco, viele Zeitungsleser rund um die Welt auch, die immer wieder von der im nächsten Augenblick drohenden Katastrophe hören und lesen, mögen das mit Erleichterung zur Kenntnis nehmen: Nein, es ist keineswegs *sicher*, daß sich *The Big One* jetzt gleich oder noch in diesem Jahrzehnt ereignen wird – die Chancen stehen nicht etwa 99 zu eins, sie stehen nur etwas schlechter als 50 zu 50. Beim Roulette nennt man das eine einfache Chance: Wer auf Rouge oder Noir setzt, hat nahezu die gleichen statistischen Aussichten, seinen Einsatz zu verlieren. Aber weil es hier ja nicht um bunte Chips geht, wären eher andere Vergleiche angebracht: Wie würde ein Flugpassagier reagieren, wenn ihm der Pilot sagte, die Chance, heil hinauf- und sanft wieder herunterzukommen, betrügen »etwas weniger als 50 Prozent«? Er würde wohl kaum, wie viele Kalifornier das tun, gelassen die Schultern zucken und sagen: »Vielleicht passiert's, vielleicht auch nicht . . .« Die Situation, in der sich die Katastrophenplaner in Kalifornien befinden, entspricht etwa der einer Flughafenfeuerwehr, die über Funk erfährt, daß da ein vollbesetzter Jumbo im Anflug ist, dessen Fahrwerk sich vielleicht ausfahren läßt, mit eher größerer Wahrscheinlichkeit aber auch nicht. Eine Flughafen-feuerwehr würde in einem solchen Fall alle Mann mobilisieren und einen Schaumteppich auf die Runway legen – für alle Fälle. Was aber wird in Kalifornien getan?

Bis vor einigen Jahren recht wenig – der Staat glich, um im Bilde zu bleiben, einem Flughafen, dessen Feuerwehr mit Feuerpatschen ausgerüstet ist. Zwei Ereignisse Anfang der siebziger und Anfang der achtziger Jahre haben das Bild inzwischen gewandelt: einmal das San Fernando-Erdbeben vom Februar 1971, daß, obschon nur von mäßiger Stärke, Schäden anrichtete, die weit über das von den staatlichen Notfallplanern für möglich gehaltene Maß hinausging; zweitens: der Ausbruch des Vulkans Mount St. Helens im US-Bundesstaat Washington Anfang 1980 – eine Naturkatastrophe, die weite Landstriche total verwüstete und die vor allem deshalb Anlaß zum Nach-denken gab, weil sie in den Planspielen der auf allerlei Eventua-litäten und scheinbar jedes denkbare Desaster eingestellten Katastrophenexperten nicht vorgesehen war. Beide Ereignisse wirkten in den USA wie ein Schock – sie offenbarten auf dramatische Weise, wie verwundbar gerade diese hochfunktio-nalisierte Gesellschaft ist, wie hilflos sie elementaren Ereignis-sen gegenübersteht.

Jimmy Carter, zur Zeit der Mount St. Helens-Katastrophe Präsident der Vereinigten Staaten, beauftragte den Nationalen Sicherheitsrat mit der Ausarbeitung einer Studie über die voraussichtlichen Auswirkungen eines katastrophalen Erdbebens und mögliche Vorsorgemaßnahmen für den Fall eines solchen Desasters. Für die Ausarbeitung dieser Studie versicherte sich der Nationale Sicherheitsrat der Mitarbeit von mehr als einem Hundert hochkarätiger Experten. Ihr im November 1980 vorgelegter Abschlußbericht enthielt vor allem zwei wenig beruhigende Feststellungen – erstens: Die absehbaren Schäden, die ein großes Erdbeben in Kalifornien verursachen kann, werden erheblich schwerer sein als bis dahin angenommen. Zweitens: Die für den Fall dieses Bebens bisher getroffenen Vorbereitungen sind unzureichend.

Sieben Szenarios – angenommene Erdbeben unterschiedlicher Magnitude an verschiedenen Orten in Kalifornien – bildeten die Grundlage dieser Untersuchung. Für jede dieser sieben hypothetischen Katastrophen versuchten die Experten, unter Berücksichtigung aller gegebenen Umstände, die Höhe des voraussichtlichen Schadens und die Zahl der Opfer zu berechnen. Die Ergebnisse dieser Kalkulationen haben naturgemäß nicht den Charakter exakter Prognosen – es sind Schätzungen, die, so schränken die Verfasser dieser Studie selbst ein, womöglich doppelt oder gar dreifach zu hoch oder zu niedrig liegen. Aber diese Schätzungen, die nach Ansicht der meisten Experten recht realistisch sind, geben trotz solch enormer Toleranzen ein Bild von der Größenordnung jener Erdbebenkatastrophe, auf die Kalifornien gefaßt sein muß – es sind Schreckenszahlen:

Für den Fall einer Wiederholung des Bebens vom 18. April 1906, das eine Magnitude von 8,3 hatte, muß man mit unmittelbaren Sachschäden von bis zu 114 Milliarden Dollar rechnen; je nach Tageszeit könnte ein solches Beben in Nordkalifornien bis zu 33 000 Todesopfer, 132 000 Schwerverletzte und 990 000 Leichtverletzte fordern! Noch apokalyptischer nehmen sich jene Zahlen aus, die man für den Fall eines Bebens der Magnitude 7,5 am Newport Inglewood Fault knapp südlich von Los Angeles errechnet hat:

Sachschäden	bis zu	207 Milliarden Dollar
Tote:	bis zu	69 000
Schwerverletzte:	bis zu	273 000
Leichtverletzte:	bis zu	2 070 000

Angesichts solcher Zahlen erübrigt es sich, auch nur der Frage nachzugehen, wie viele dienstbereite Ärzte es womöglich in den betroffenen Gebieten nach einem Erdbeben dieser Größenordnung geben wird – wie viele Krankenwagen für den Abtransport der Schwerverletzten – wie viele Krankenhausbetten – wie viele Liter Blutplasma und Blutkonserven – wie viele Unterbringungs- und Versorgungsmöglichkeiten für rund 200 000 Familien, die nach einem solchen Erdbeben obdachlos sein werden.

Man gerät angesichts solcher Zahlen in Versuchung, das Planspiel hier abzubrechen. Warum überhaupt noch nachdenken über Rettungs- und Überlebensstrategien? Wozu überhaupt ausrechnen, wie viele der Schwerverletzten zu retten sind, wenn sie innerhalb der ersten kritischen 24 Stunden ärztlich versorgt werden können, wo doch keine Aussicht besteht, auch nur einem Bruchteil von ihnen zu helfen?

Dieses Szenario entzieht sich deutlich unserem Vorstellungsvermögen, und man ist deshalb versucht, es für absurd zu halten, weil nicht sein kann, was nicht sein darf. Aber die diesem Szenario zugrunde gelegte Hypothese eines Erdbebens der Magnitude 7,5 in der Region von Los Angeles ist keineswegs abwegig – dieser Fall wird nach Überzeugung der meisten Fachleute irgendwann innerhalb dieses Jahrzehnts eintreten.

Eine andere Studie über voraussichtliche Erdbebenschäden im Gebiet von Los Angeles, ausgearbeitet von der »National Oceanic and Atmospheric Administration«, einer dem US-Wirtschaftsministerium zugeordneten Bundesbehörde, prognostiziert für den Fall eines Bebens der Magnitude 7,5 am Newport Inglewood Fault, daß 1,9 Millionen Gebäude Schäden davontragen werden – Sachschaden insgesamt: 2 527 000 000 Dollar. Mit beispielhafter Akribie haben sich die Autoren dieser Studie, die aus dem Jahre 1973 stammt, über alle möglichen Auswirkungen der Katastrophe Gedanken gemacht – sie haben zum Beispiel ausgerechnet, daß in den 163 Krankenhäusern in Los Angeles mit ihren 52 095 Betten bei einem Erdbeben der Magnitude 7,5 am Newport Inglewood Fault 713 Todesopfer zu beklagen sein werden, wenn sich dieses Beben um 2 Uhr 30 früh ereignet, und 1335 Opfer, wenn es um 14 Uhr nachmittags kommt; sie haben ausgerechnet, daß 13 305 der 52 095 Krankenhausbetten nach einem solchen Erdbeben nicht mehr zur Verfügung stehen werden – was nicht bedeutet, daß dieser spärliche Rest von 38 790 Hospitalbetten etwa den geschätzt 273 000 Schwerverletzten zur Verfügung stehen werden: Diese Betten werden bereits zu über 80 Prozent von ›gewöhnlichen‹ Kranken belegt sein . . .

Man kann diese Kalkulationen bis ins Unendliche fortsetzen, kann Ärzte und Krankenschwestern gegen die Zahl der Verletzten aufrechnen, kann die Ambulanzwagen zählen, die Sanitäter, die Blutkonserven . . . Man kommt immer zu demselben Ergebnis: Selbst wenn die Notfall-Maschinerie so reibungslos laufen würde wie an einem normalen Tag (wofür nichts spricht), wäre sie doch nicht in der Lage, auch nur einen Bruchteil der Verletzten angemessen zu versorgen, auch nur eine nennenswerte Zahl der Sterbenden zu retten.

Seit der Beinahe-Katastrophe am Lower Van Norman-Damm während des San Fernando-Erdbebens von 1971 stellen sich die Erdbebenexperten in Kalifornien auch immer wieder jene Frage, die bis dahin meist verdrängt worden war: Wie werden die vielen hundert Staudämme in Kalifornien ein schweres Erdbeben verkraften? Allein im Los Angeles County, also in der Umgebung der Stadt Los Angeles, gibt es 204 solcher Staumauern. Die größte von ihnen, der Castaic-Damm, mißt immerhin über 100 Meter in der Höhe und 1,7 Kilometer Länge an der Dammkrone. Nur wenig kleiner ist der Pyramid-Damm. Vier weitere Staudämme liegen in der gleichen Größenordnung. Wenn einer dieser Staudämme einem schweren Erdbeben nicht standhält – was bei realistischer Betrachtung als wahrscheinlich anzunehmen ist –, dann erhöht sich die Zahl der Todesopfer noch einmal ganz erheblich: Ein Bruch des riesigen, 1973 fertiggestellten Castaic-Dammes würde etwa 14000 Menschen das Leben kosten und 130000 Menschen obdachlos machen.

Ähnlich ist die Situation in Nordkalifornien, in der Region um die Bucht von San Francisco. Hier gibt es 226 größere Staudämme. Ob auch nur die überwiegende Zahl dieser Dämme hohen Erdbebenbelastungen standhalten kann ist zweifelhaft – sehr viele von ihnen nämlich sind bereits recht alt und wurden zu einer Zeit entworfen und errichtet, als die Kenntnisse der Ingenieure über erdbebenresistentes Bauen noch ziemlich lükkenhaft waren. Von den 14 bedeutendsten dieser 226 Staudämme rund um San Francisco wurden drei im vorigen Jahrhundert errichtet, weitere acht sind älter als 30 Jahre und nur drei wurden vor weniger als 20 Jahren gebaut, der letzte 1968. Wenn nur einer dieser 14 wichtigsten Staudämme im Gebiet um San Francisco einem Erdbeben nicht standhalten sollte (eine Möglichkeit, von der vernünftigerweise auszugehen ist), dann würde dies dramatische Konsequenzen haben: Für den Fall eines Erdbebens der Magnitude 8,3 etwa rechnen die Experten mit einem Einsturz des Upper San Leandro- und des Chabot-Dammes. Bei einem Bruch dieser beiden Staudämme würde es aller Wahrscheinlichkeit nach mindestens 30000 Tote geben, möglicherweise aber auch bis zu 52000.

Wie gesagt, ob diese Staudämme halten werden oder nicht, weiß niemand mit letzter Sicherheit zu sagen. Es gibt einfach keine verläßlichen Methoden, die tatsächliche Erdbebenresistenz dieser Bauwerke zu ermitteln. Dasselbe gilt für eine große Anzahl von Gebäuden in San Francisco – auch neuerer, ›bebenresistenter‹ Konstruktionen. Der Statiker Henry Degenkolb: »*Erdbebensichere* Bauten gibt es nicht – was es gibt, sind mehr oder weniger bebenresistente Konstruktionen, also Annäherungen an jene hundertprozentige Bebenresistenz, die wir in der Praxis nicht verwirklichen können. Dabei spielen natürlich wirtschaftliche Überlegungen eine Rolle. Ganz vereinfacht gesagt: die ersten 50 Prozent sind relativ leicht zu erreichen; die nächsten 30 Prozent erfordern schon erheblichen konstruktiven Aufwand; weitere 10 Prozent sind mit noch einmal größerem Aufwand an Ingenieurtechnologie und Kosten vielleicht zu schaffen – womit wir dann bei 90 Prozent angelangt wären. Die restlichen 10 Prozent wären – wenn sie sich überhaupt konstruktiv realisieren ließen – jenseits aller wirtschaftlichen Rentabilität. Das ist dann sozusagen ein kalkuliertes, bewußt in Kauf genommenes Restrisiko.«

Kalifornien, insbesondere das dichtbesiedelte San Francisco, lebt mit einer ganzen Reihe solcher ›kalkulierten Risiken‹. Sind es akzeptable Risiken?

Beispiel Nummer eins: California Street, Ecke Montgomery Street – hier befindet sich die Hauptverwaltung der größten Bank der Welt, der Bank of America, mit 42 Stockwerken das derzeit höchste Gebäude der Stadt. Der Begründer dieses Dollar-Imperiums, der italienische Einwanderer Amadeo P. Giannini, machte 1906 Geschichte, als er als erster Bankier in der von Erdbeben und Feuer zerstörten Stadt ein Brett über zwei Weinfässer legte und inmitten der noch schwelenden Ruinen mit Geldgeschäften begann. Es ist gut möglich, daß seine Bank auch beim nächsten großen Erdbeben wieder eine besondere Rolle spielen wird. Denn die 3940 Fenster in der Fassade dieses Bankpalastes werden nach Meinung vieler Fachleute diesem nächsten Erdbeben nicht standhalten – sie werden, wenn der Wolkenkratzer in langsame Schwingungen gerät, aus den Aluminiumrahmen herausplatzen. Sie werden nicht senkrecht nach unten fallen; sie werden vielmehr auf der aufsteigenden warmen Luft in den Straßenschluchten rund um das Hochhaus durch die Gegend segeln und schließlich irgendwo niedergehen – 800 000 Quadratmeter rund um das Hochhaus der Bank of America im Glassplitterregen – dichtbevölkerte Straßen im Geschäftszentrum von San Francisco. Manche Leute bezweifeln sogar, daß es bei fallendem Glas bleiben wird – vielleicht wird die gesamte Außenfassade herunterfallen – aber Tausende von Granitplatten, jede etwa 100 Kilo schwer. Ein akzeptables Risiko?

Beispiel Nummer zwei: 20 Autominuten südlich des Golden Gate. Am Strand ein schmaler Streifen Sand, und dann gleich die Steilküste. Kein Fels – sondern loses Gestein, Lehm und Sandstein, aufgeschichtetes Geröll. Das ist die Stelle, an der die

San-Andreas-Spalte in den Pazifik eintaucht. Von hier aus verläuft sie an der Stadt am Golden Gate vorbei nach Norden und geht bei Point Reyes wieder an Land. An dieser Stelle hat das Erdbeben vom 18. April 1906 deutliche Spuren hinterlassen: Hier fehlt ein Stück Steilküste. Gewaltige Mengen von Sand und Geröll rutschten damals ins Meer. Es blieb eine Furche, über 150 Meter tief und 400 Meter lang. Und wenn man nun vom Strand aus nach oben blickt, dann entdeckt man oben am Rand der Steilküste die flachen Häuser. Das ist der Ortsrand von Daly City, San Franciscos größter Vorstadt. Von Bob Nason, dem Geologen des U.S. Geological Survey aus Menlo Park, wollte ich wissen, was sich hier bei einem neuen schweren Erdbeben ereignen wird. »Wir wissen das nicht genau. Zwischen den Häusern und dem Abgrund liegen oft nur zwei, drei Meter Erdreich. Möglich, daß es beim nächsten Beben wieder einen Erdrutsch gibt, und der nimmt dann natürlich die ersten zwei, drei Häuserreihen mit ins Meer. Wie gesagt, wir wissen nicht, ob das passieren wird. Die Leute, die da oben wohnen, kennen das Problem natürlich. Ich glaube das wenigstens. Da rutschen ja schon ohne Erdbeben manchmal die Vorgärten und Gehsteige weg. Und die Wohnungen sind auch aus diesem Grunde sehr billig. Nun kann man natürlich fragen: Darf man das zulassen, daß da jemand wohnt. Andererseits: Die Leute sparen ja buchstäblich eine Menge Geld dadurch, daß sie dieses Risiko auf sich nehmen. Wie gesagt: Vielleicht sollte man das nicht zulassen . . . aber so ist es sicher für alle Beteiligten die billigste Lösung . . .«

Billig, sicher – aber eben auch lebensgefährlich. Ein akzeptables, ein auch zu noch so günstigen Vorzugstarifen zumutbares, ein zulässiges Risiko?

Beispiel Nummer drei: Etwa auf halbem Weg zwischen San Francisco und Los Angeles nahe der Stadt San Luis Obispo begann die Pacific Gas & Electric Co. vor fünfzehn Jahren mit dem Bau eines Atomkraftwerks. Das Projekt hatte bis Ende 1983 bereits nahezu zweieinhalb Milliarden Dollar verschlungen, war aber bis dahin noch immer nicht in Betrieb genommen worden – die staatlichen Aufsichtsbehörden verweigern der

PG & E die Betriebsgenehmigung, denn das Kraftwerk hat nach Feststellung der staatlichen Prüfer über 100 (!) zum Teil schwerwiegende Konstruktionsmängel, die einen sicheren Betrieb des Reaktors gefährden. Das wohl gravierendste Sicherheitsrisiko stellte sich 1971 heraus, als das Kraftwerk bereits im Rohbau stand. Damals entdeckten die Geologen in einer Entfernung von nur drei Meilen zum Reaktorgebäude eine Verwerfung, den Hosgri Fault. Mittlerweile bemühen sich die Experten der Bechtel Corporation, Amerikas größtem Kernkraftwerks-Konstrukteur, die Konstruktionsmängel im Diablo Canyon-Reaktor aufzuspüren und zu beheben.

Es liegt nahe, das Diablo Canyon-Kraftwerk als eine Konstruktion von fragwürdiger Qualität zu bezeichnen. Zweifel sind wohl auch angebracht, was die Erdbebensicherheit der Anlage angeht. Zwar versichern die Bauherrn mittlerweile, das Kernkraftwerk könne ein Beben der Magnitude 7,5 (wie es von den Geologen des U.S. Geological Survey in dieser Region für möglich gehalten wird) verkraften. Sie verschweigen dabei aber gern, daß dieses Kernkraftwerk ursprünglich nur auf eine maximale Erdbebenbelastung von 6,75 Richter ausgelegt ist und daß man die Anlagen erst nachträglich auf die erheblich höhere Belastung eines Bebens der Magnitude 7,5 hin modifizierte – ein nach Überzeugung vieler Statiker zweifelhaftes Verfahren. Die Genehmigungsbehörde, die Nuclear Regulatory Commission, hat sich der Auffassung der Bauherrn angeschlossen und das Kraftwerk, was die Erdbebensicherheit angeht, für unbedenklich erklärt.

Beispiel Nummer vier: BART ist das Kürzel für die modernste U-Bahn der Welt: Bay Area Rapid Transit. Vollklimatisierte Züge mit Teppichboden und bequemen Polstersitzen jagen mit 130 Stundenkilometern fast geräuschlos und vibrationsfrei über gummigelagerte Gleise. BART kreuzt die Bucht – in einem 14 Kilometer langen Tunnel rasen die Züge hinüber nach Oakland durch eine Betonröhre, die auf dem Meeresgrund liegt, eingespült in Schlick und Sand. Alle 90 Sekunden braust ein Zug durch diesen Unterwassertunnel. Ähnliche Tunnels gibt es auch andernorts auf der Welt – nicht so lang freilich und nicht so tief unter dem Meeresspiegel. Das Besondere an diesem Tunnel aber ist: Er verläuft in unmittelbarer Nähe zweier aktiver Erdbebenspalten, nämlich des San-Andreas- und des Hayward-Grabens. Wer Fachleute fragt, was denn wohl mit diesem Tunnel bei einem schweren Erdbeben passieren werde, der erhält eine entwaffnende Antwort: das wisse man nicht genau. Wahrscheinlich werde er halten. Vielleicht aber auch nicht. So einfach ist das: Vielleicht hält die Betonröhre – vielleicht auch nicht – viel Glück, San Francisco!

Kalkulierte Risiken – die Liste ließe sich nahezu beliebig fortsetzen. Hinzu kommen die nichtkalkulierten Risiken, die Überraschungen, wie es sie 1971 beim San Fernando-Erdbeben gab und auch am ›Tag X‹ wieder geben wird. Henry Degenkolb meint: »Wir werden eine Reihe solcher Überraschungen erleben. Viele Leute hier, auch viele Fachleute, machen sich illusionäre Vorstellungen von der Bebenresistenz auch unserer modernen Hochbauten. Ich persönlich bin da in einer ganzen Reihe von Fällen sehr skeptisch, insbesondere bei vielen vor 1970 gebauten Hochhäusern. Ich habe die Konstruktionspläne sehr vieler Hochhäuser in dieser Stadt gesehen, und ich weiß, daß in einer ganzen Anzahl von Fällen gravierende Fehler gemacht worden sind – manche aus Unkenntnis, andere aus Gleichgültigkeit. Ich könnte Ihnen eine Reihe von Wohnhochhäusern in San Francisco zeigen, die nach meiner festen Überzeugung ein schweres Erdbeben nicht verkraften können – ich könnte sie Ihnen zeigen, aber ich werde das nicht tun, denn dann hätten wir beide eine Reihe von Millionenklagen am Hals!«

Henry Degenkolb hat die Adressen dieser Häuser, deren Bewohner keine Ahnung von der ihnen drohenden Gefahr haben, nicht preisgegeben. Aber ich habe sie dennoch gefunden. Wer die Van Ness Avenue vom Aquatic Park aus nach Süden entlangfährt, kann einige von ihnen auf der rechten Straßenseite sehen . . .

»Man kann nicht auf alles vorbereitet sein – es ist unmöglich, Vorkehrungen für jede Eventualität zu treffen. Bei einem Erdbeben werden wir bestimmte Dinge einfach abschreiben müssen. Es werden Situationen eintreten, die wir zu akzeptieren haben.«

Der das sagt, ist Andy Casper, Chef der städtischen Feuerwehr von San Francisco. San Franciscos Feuerwehr ist anerkannt gut trainiert, die technische Ausrüstung ist, am amerikanischen Niveau gemessen, ungewöhnlich. Ein 1913 installiertes und seither ausgebautes Netz von Hochdruckleitungen soll sicherstellen, daß auch nach einem schweren Erdbeben San Franciscos Feuerwehr über das Wichtigste verfügen wird: Löschwasser. Dennoch ist es fraglich, ob diese Feuerwehr in der Lage sein wird, die nach einem Erdbeben zwangsläufig aufflackernden Brände wirksam unter Kontrolle zu bringen. San Francisco, das ist selbst unter normalen Umständen, ohne die Ausnahmesituation eines vorangegangenen Erdbebens, der Alptraum eines jeden Feuerwehrmannes. Jeder scheinbar harmlose Zimmerbrand kann sich hier zu einer gewaltigen Feuersbrunst ausweiten. Für den Fall eines schweren Erdbebens vermag auch Feuerwehrchef Andy Casper eine Wiederholung der Brandkatastrophe vom April 1906 nicht auszuschließen:

»Es gibt durchaus die Möglichkeit, daß wir einen regelrechten Feuersturm erleben werden. Der Grund, warum ich das glaube, ist folgender: Wir haben eine sehr viel dichtere Bebauung als 1906, und 75 Prozent aller Gebäude in der Stadt sind innen mit Holz ausgebaut oder außen mit Holz verkleidet. Zwischen diesen einzelnen Häusern gibt es meist nur einen Abstand von wenigen Zentimetern und in aller Regel keine Brandschutzwände. Wir haben außerdem sehr viel mehr Gasleitungen als 1906 – nahezu jedes Gebäude hat einen Gasanschluß. Ein Erdbeben wird aller Wahrscheinlichkeit nach viele dieser Gasleitungen beschädigen, und das wird dazu führen, daß sich viele Häuser sehr schnell mit Gas füllen werden – dann brauchen wir nur noch einen Funken, und wir haben eine Gasexplosion und ein Feuer. Oder nehmen Sie einen anderen Punkt: Jede Familie in San Francisco hat im Durchschnitt 1,5 Autos. Jedes dieser Autos hat einen Benzintank. Wenn nach einem Erdbeben in der Stadt Feuer ausbricht – und das wird mit Sicherheit passieren –, dann müssen wir irgendwohin mit diesen Autos. Wenn wir die nicht schleunigst aus den Straßen schaffen, dann wird es eine Katastrophe geben. Diese Autos auf den Straßen, die Reservekanister in vielen Garagen, die vielen Tankstellen in der Innenstadt, das sind höchst gefährliche Zeitbomben. Und dann die Vielzahl von Chemikalien in Lagerhäusern und Supermärkten: Wir müssen damit rechnen, daß sich bei einer solchen Feuersbrunst gewaltige Wolken toxischer Gase bilden werden, deren Wirkung wir noch gar nicht abzuschätzen vermögen!«

Andy Casper macht sich keine Illusionen, er ist Realist – eine gute Voraussetzung für die Bewältigung unvorhergesehener Situationen, wie sie wohl zwangsläufig eintreten werden. Aber eben nur eine Voraussetzung: Eine Feuerwehr braucht vor allem Feuerwehrleute. Und da sieht es schlimm aus in San Francisco:

»1977 hatte ich noch 350 Mann pro Schicht«, sagt Andy Casper; »heute sind es nur noch 315. Im Falle eines schweren Erdbebens muß ich außerdem damit rechnen, daß mindestens 10 Prozent der diensthabenden Männer nicht zur Verfügung stehen werden, weil sie schwerverletzt oder sogar tot sein werden. Mir bleiben also voraussichtlich etwa 280 Männer, mit denen ich mindestens während der ersten fünf, sechs Stunden auskommen muß. Zwei von dreien meiner Feuerwehrleute wohnen in den Vorstädten – angesichts der nach einem Erdbeben herrschenden Verkehrsverhältnisse wird es wohl 24 Stunden dauern, bis ich alle dienstfreien Männer zum Einsatz bringen kann.«

280 Feuerwehrleute während der ersten kritischen Stunden – ist da überhaupt an eine wirkungsvolle Brandbekämpfung zu denken? Die Frage ist beantwortet, wenn man der Feuerwehr von San Francisco bei einer ihrer regelmäßigen Übungen zugesehen hat. Kürzlich probte Andy Casper mit seinen Männern die Bekämpfung eines simulierten Großfeuers in einem Wolkenkratzer. Um das potentielle Feuer unter Kontrolle zu bringen, benötigte man 156 Feuerwehrleute . . .

San Francisco hat heute mehr als zwei Dutzend solcher Wolkenkratzer und weitere 700 Hochhäuser mit mehr als sieben Stockwerken. Damit ist eigentlich alles gesagt über die Aussichten jener vermutlich 280 verfügbaren Feuerwehrleute, der Stadt eine Wiederholung der Feuerkatastrophe des Jahres 1906 zu ersparen. Andy Casper sagt: »Wir werden bestimmte Stadtteile aller Voraussicht nach abschreiben müssen, werden Prioritäten zu setzen haben. Das werden dann politische Entscheidungen sein – Entscheidungen, bei denen es um Leben und Tod, viele Millionen Dollar, Tausende von Arbeitsplätzen und sehr weitreichende wirtschaftliche und soziale Konsequenzen geht. Zum Beispiel: Wir werden vermutlich zu entscheiden haben, ob wir Chinatown einfach abbrennen lassen oder das Prominentenviertel Pacific Heights – oder beide, um statt dessen eine Computerfabrik oder einen der Wolkenkratzer zu retten . . .« Entscheidungen dieser Art wird im Ernstfall der Bürgermeister der Stadt San Francisco treffen – er ist, so sieht es der Erdbeben-Notfallplan der Stadt vor, oberster Kommandant aller Hilfs- und Rettungsdienste. Ich habe in San Francisco niemanden getroffen, der die Bürgermeisterin der Stadt, Dianne Feinstein, um diese Kompetenz beneidet.

»Wir machen uns womöglich illusionäre Vorstellungen von den Chancen, mit einer solchen Katastrophe fertig zu werden« – immer wieder hört man diese Sorge, wenn man mit den Nachdenklicheren unter Kaliforniens Erdbebenfachleuten spricht. Diese Befürchtung scheint berechtigt, auch was die langfristigen wirtschaftlichen und sozialen Konsequenzen des *großen Bebens* angeht. Diese Konsequenzen werden keineswegs allein Kalifornien oder gar nur die unmittelbare Bebenregion, das eigentliche Katastrophengebiet betreffen. Daß höchstwahrscheinlich in diesem Katastrophengebiet nach einem Erdbeben der Fernsprechverkehr auf unbestimmte Zeit ausfallen wird, gilt als Binsenwahrheit. Doch es wird Kommunikationsprobleme geben, die weit schwererwiegen: Allein in der unmittelbaren Umgebung von Los Angeles und San Francisco befinden sich 84 bedeutsame überregionale Kommunikationseinrichtungen – unter ihnen Bodenstationen für den zivilen und militärischen Satellitenfunk, Relaisstationen für Funk- und Datenverkehr des Pentagon, Installationen des NATO-Frühwarnsystems, Funkstationen, die der Verbindung des Washingtoner

State Department mit amerikanischen Botschaften im Ausland dienen und eine ganze Reihe von Relaisstationen für den zivilen interkontinentalen Telefon-, Telex- und Datenverkehr.

Offen bleibt bis zum ›Tage X‹ auch die Frage, wie die zahllosen Pipelines in Kalifornien ein schweres Erdbeben verkraften werden. Beim Bau der Trans-Alaska-Pipeline wurden alle Erkenntnisse der Ingenieurwissenschaften berücksichtigt – sie dürfte die erste nach menschlichem Ermessen erdbebenresistente Pipeline der Welt darstellen. Die meisten der Öl- und Gaspipelines in Kalifornien aber stammen aus einer Zeit, da man seismischer Sicherheit weniger Bedeutung beimaß und noch nicht über umfangreiches Wissen auf diesem Gebiet verfügte. Nach Meinung der meisten Experten muß man davon ausgehen, daß mindestens in einem Radius von 80 Kilometern um das Epizentrum eines schweren Bebens alle Pipelines zerstört werden.

Zehn Prozent der Bevölkerung der Vereinigten Staaten leben und arbeiten in Kalifornien. Dieser Staat produziert 100 Prozent aller in den USA geernteten Mandeln, 94,4 Prozent aller Aprikosen, 95 Prozent aller Zitronen, 89,8 Prozent aller Weintrauben und 99,8 Prozent aller amerikanischen Oliven. Kalifornien liefert jeden zweiten Blumenkohl, die Hälfte aller Pfirsiche, Broccoli und Spargel und ein Viertel aller Zuckerrüben des Landes. Unter dem Strich produziert dieser Staat 25 Prozent aller Nahrungsmittel der Vereinigten Staaten. Kalifornien liefert auch 65 Prozent aller Fernsehprogramme und 85 Prozent aller Kinofilme. In Kalifornien befinden sich die Hauptverwaltungen, Produktionsstätten und Forschungslabors so bedeutsamer Unternehmen wie Standard Oil, Transamerica Corporation, Del Monte, McDonell-Douglas, IBM, Columbia Pictures, Warner Brothers, MGM, Twentieth Century-Fox, Litton Industries, Kaiser Steel, Rockwell, Bank of America, Safeway und Lockheed.

Wäre Kalifornien ein souveränes Land und nicht ein US-Bundesstaat, so würde es in der Weltrangliste der Industrienationen Platz acht einnehmen. Zur Industrieproduktion der Vereinigten Staaten steuert Kalifornien knapp 12 Prozent bei – das entspricht in etwa seinem Bevölkerungsanteil. Aber es sind ausgerechnet die Zukunftsindustrien, die sich hier angesiedelt haben: Elektronik, Raumfahrt, Nachrichtentechnik. Und diese Unternehmen sind nicht gleichmäßig über den ganzen Staat verteilt – 85 Prozent der kalifornischen Industriebetriebe haben sich in jenen 21 Counties (Landkreisen) angesiedelt, die als besonders erdbebengefährdet gelten müssen. Die Wachstumsbranche Nummer eins konzentriert sich im sogenannten ›Silicon-Valley‹: einer Ansiedlung von über 1000 Computerindustrien am Südrand der Bucht von San Francisco. Diese Region gilt als extrem bebengefährdet: Sie wird eingerahmt von den beiden berüchtigtsten Erdbebengräben Nordkaliforniens, dem San-Andreas- und dem Hayward-Graben. Die Möglichkeit, daß diese Computerindustrien im Norden Kaliforniens – die Labors, in denen ein Großteil der technologischen Intelligenz der USA konzipiert, die supersensiblen Fertigungsanlagen, in denen die streichholzkopfgroßen Schaltkreise fabriziert werden – daß all dies nach einem schweren Erdbeben auf Wochen oder Monate ausfallen könnte, ist eigenartigerweise bislang in keinem der Katastrophen-Szenarios zu Ende gedacht worden.

Hochempfindliche Sensoren regeln in den Computerfabriken Luftfeuchtigkeit und Temperatur bis auf Zehntelgrade genau, diffizile Klimaanlagen sorgen für eine aseptische, staubfreie Atmosphäre, in der Bedienungs- und Überwachungspersonal allenfalls in antistatischen, keimfreien Schutzanzügen geduldet wird. Der Gedanke an ein so elementares Ereignis wie ein Erdbeben, das all diese hochsensiblen Apparaturen bestenfalls gehörig durchrütteln, schlimmstenfalls in eine Trümmerhalde aus so unterschiedlichen Materialien wie Stahlbeton, Glas, Aluminium, Transistoren, Kabeln, Keramik, Klobrillen und Silicon verwandeln könnte, scheint sich da fast zu verbieten.

Mit Verdrängung allerdings ist die Bedrohung nicht aus der Welt geschafft. Fest steht: Ein schweres Erdbeben in Kalifornien wird wirtschaftliche Konsequenzen haben, die weder nur diesen Staat noch allein die USA, sondern die ganze westliche Welt treffen. Welches Ausmaß diese Katastrophe haben könnte, ist eine offene, vorab nicht zu beantwortende Frage.

Überlebensstrategien

Um 6 Uhr 40 am Morgen des 1. September 1982 versammelten sich sechs Seismologie-Professoren der Universität Tokio im Gebäude der staatlichen Behörde für Meteorologie. Die Herren berieten sich kurz, und dann griff einer von ihnen, Professor Tokaii Utsu, zum Telefon und wählte die Nummer des japanischen Ministerpräsidenten Zenko Suzuki. Professor Utsu konnte sicher sein, den Regierungschef trotz der frühen Stunde in seinem Büro zu erreichen. Was der Seismologe dem Ministerpräsidenten fernmündlich mitzuteilen hatte, war offenbar dringend: Für 10 Uhr 30 vormittags, so gab er bekannt, erwarte man ein Erdbeben der Magnitude 7,9, dessen Epizentrum im Meer einige Meilen südwestlich der japanischen Hauptstadt Tokio liegen werde. Ministerpräsident Suzuki bedankte sich für die Nachricht und rief die Mitglieder seines Katastrophenstabes zu sich. Die Experten berieten über die Lage, und gegen 9 Uhr löste der Regierungschef Erdbebenalarm aus und zog die ihm als Oberbefehlshaber des Katastrophenschutzes für diesen Fall zugedachte frischgebügelte Uniform an.

Übermäßige Beunruhigung oder gar Panik war auch jenen Hunderttausenden nicht anzumerken, die von dem Erdbebenalarm betroffen waren: Zu Hunderttausenden marschierten Schulkinder in geordnetem Gänsemarsch, üppige Pausenbrote in den Taschen; diszipliniert, ohne Gedränge an den Ausgängen ging auch, Stock für Stock, die Evakuierung der Bürogebäude in der japanischen Hauptstadt vor sich. Sanitäter errichteten derweil seelenruhig auf den Sammelplätzen, zu denen die

Menschen marschierten, Feldküchen, Notunterkünfte und provisorische Krankenstationen; Helikopter von Polizei und Armee schwebten über der Szenerie, und Landungsboote setzten an den vom Erdbeben bedrohten Küsten Hilfstruppen ab. Nicht weniger als zwölf Millionen Menschen taten genau das, was in den zuvor ausgearbeiteten Notstandsplänen der Katastrophenplaner vorgesehen war. Alles lief wie am Schnürchen. Nur das Erdbeben kam nicht – es handelte sich um eine Übung.

Das Datum war mit Bedacht gewählt: An jedem 1. September jährt sich das katastrophale Erdbeben vom Jahre 1923, das Tokio und Yokohama völlig verwüstete und über 140000 Todesopfer forderte. Durchschnittlich 1000mal im Jahr, dreimal täglich bebt in Japan die Erde; 50 Beben im Jahr bekommen die Menschen in der Metropole zu spüren – meist rüttelt es nur ein wenig in den Schränken; Wände, Fußböden und Decken schwingen kaum merklich, vielleicht geht hier und da auch mal eine Fenterscheibe zu Bruch. Aber das große, das verheerende Beben wird kommen. Der Seismologe Hiroshi Wakita von der Universität Tokio rechnet vor, daß sich Erdbeben in der Größenordnung des Kanto-Bebens vom 1. September 1923 im Schnitt alle 70 Jahre wiederholen. Professor Wakita kalkuliert mit einer Toleranz von rund 13 Jahren, rechnet also mit Beben dieser Stärke alle 57 bis 83 Jahre. Wenn diese Rechnung stimmt, läuft die Zeit für Tokio ab. Hiroshi Wakita: »Es könnte jetzt jederzeit geschehen . . .«

Der Seismologe Tokaii Utsu meint: »Wir müssen innerhalb der nächsten 20, spätestens 30 Jahre mit einem schweren Beben in der Region um Tokio rechnen.« 54 der 115 Millionen Japaner leben ausgerechnet in dieser Region, die unter Erdbebenexperten als besonders gefährdet gilt: dem Küstenstreifen zwischen Tokio und dem 366 Kilometer südlich gelegenen Nagoya.

Jene Desaster-Experten, die am 1. September 1981 in der japanischen Hauptstadt den Ernstfall proben ließen, gehen in ihrem Planspiel für den Fall einer solchen Katastrophe von rund 36000 Todesopfern und etwa 63000 Schwerverletzten aus – wenn die Bevölkerung, wie bei dieser Generalprobe angenommen, rechtzeitig vorher gewarnt werden kann und sich diszipliniert an die ›Spielregeln‹ hält. Doch schon diese Voraussetzung wird von den meisten Fachleuten für illusorisch gehalten: Unklar ist vor allem, woher die Katastrophenstrategen überhaupt ihre unterstellte Erdbebenwarnung bekommen wollen. Aber auch sonst sind die kalkulierten Zahlen reichlich unrealistisch: Denn von einem solchen Beben wären nicht allein jene knapp zwölf Millionen Menschen betroffen, die in Tokio selbst leben und arbeiten – noch einmal 16 Millionen Bewohner zählen die Vorstädte der japanischen Metropole. Wie viele Opfer ein Erdstoß von der Stärke des Kanto-Bebens vom 1. September 1923 wirklich fordern wird, ist unter Fachleuten strittig – die Schätzungen bewegen sich zwischen 500000 und 5 Millionen.

Bis zum Jahre 1970 war die Bauhöhe in Tokio auf 31 Meter begrenzt. Dann wurde diese Bestimmung aufgehoben: Die Bodenspekulanten drängten, und die Ingenieure versicherten, höhere Bauten seien nicht weniger erdbebensicher als niedrige. Japans Architekten orientieren sich gern an Frank Lloyd Wright, dessen Imperial Hotel einst das Kanto-Beben so bravourös überstanden hatte. Sie bauen flexibel. Wie flexibel, davon wissen Zigtausende von Büroangestellten in den oberen Stockwerken der Verwaltungstürme ein Lied zu singen: Ihre Büros geraten schon bei leichten Erdbeben, wie sie in Tokio häufiger vorkommen, in Schwingungen wie Pappeln im Sturm. Ob diese Giganten aus Stahl, Aluminium und Glas einem schweren Beben standhalten, weiß niemand mit letzter Sicherheit zu sagen – wahrscheinlich ja, aber ebenso wahrscheinlich ist, daß sich Fassadenteile einiger Hochhäuser lösen werden und auf die von Fußgängern dichtbevölkerten Straßen hinabstürzen. Für die auf Betonstelzen geführten Highways in der japanischen Hauptstadt gilt die gleiche Prognose wie für die Hochstraßen in Los Angeles und San Francisco: sie werden ein Erdbeben der Magnitude 7,5 oder 8 mit ziemlicher Sicherheit nicht verkraften.

Die meisten Opfer aber dürfte eine neue Bebenkatastrophe in jenem Gürtel von Vororten fordern, der sich mit einem Radius von 50 Kilometern um Tokio zieht: Hier leben etwa 2 Millionen Menschen; der Baugrund, auf dem ihre Häuser stehen, ist von äußerst ungünstiger Konsistenz – er könnte sich im Fall eines schweren, länger andauernden Bebens in einen wild schwabbelnden Pudding verwandeln; die dichte Bebauung – hier leben 150 Menschen pro Hektar – beschwört außerdem die Gefahr einer gewaltigen Feuersbrunst herauf, der in dem Gewirr der meist mit primitiven Öfen und Herden beheizten Holzhäuser kaum Einhalt zu gebieten wäre.

So eindrucksvoll Notfallübungen wie jene in Tokio am 1. September 1982 auch ablaufen, die meisten Katastrophenexperten messen ihnen wenig Bedeutung bei – tauglich sind sie allenfalls zur Gewissensberuhigung. Doch der durch sie genährte Glaube, man tue ja etwas, sei auf alle Eventualitäten vorbereitet, trügt wohl. Tokios Feuerwehrchef jedenfalls orakelte nach der Massenübung: »Theorie und Praxis klaffen im Ernstfall tödlich auseinander!« Mitunter übrigens geht schon bei solchen Übungen, wie sie von den zuständigen Behörden gern zum Beweis ihrer Existenzberechtigung inszeniert werden, Wesentliches daneben; so zum Beispiel, als 1982 Italiens Zivilschutzminister Guiseppe Zamberletti in Kalabrien ein Erdbeben der Intensität VIII auf der Mercalli-Skala simulieren ließ: 4000 Soldaten wurden mit Feldküchen, Räumfahrzeugen, Lazarettwagen und Hubschraubern in Marsch gesetzt. Gut ein Viertel der Rettungsfahrzeuge kam nie im vermeintlichen Katastrophengebiet an: Sie blieben auf halbem Wege stecken – die Benzintanks waren leer, an Treibstoffnachschub hatte niemand gedacht.

Ähnliche Planspiele gibt es auch in Kalifornien. Manchmal finden sie auf den Straßen statt, wie in San Francisco, wo es einmal jährlich einen ›Drill Day‹ gibt: Da fährt die Feuerwehr mit blankgeputztem Gerät auf, Sanitäter versorgen ketchupüberströmte ›Erdbebenopfer‹, und Bürgermeisterin Dianne Feinstein dirigiert vor den Kameras der örtlichen Fernsehstationen imaginäre Hilfstruppen. Solche Übungen sind zwar publikumswirksam, aber nach Überzeugung der meisten Fachleute wenig wert – wenn nicht gar schädlich: »Nichts ist dagegen zu sagen, wenn die Verantwortlichen auf dem Papier oder meinetwegen auch in der Praxis ihre Kompetenzen für einen solchen Fall durchspielen, wenn sie ausprobieren, ob die Organisationsstrukturen sinnvoll sind und funktionieren, ob es genug Funkgeräte gibt und ob die am richtigen Platz stehen«, sagt Bill Whitson. »Aber solche öffentliche Demonstrationen der Tatkraft leisten bei den Menschen einer gefährlichen Illusion Vorschub – der Illusion, daß es im Ernstfall Leute geben wird, die sich um alles kümmern werden: um die Verletzten, um die brennenden Häuser, um die Versorgung mit Lebensmitteln. Das wird gewiß nicht so sein – aber solche Übungen fördern bei der Öffentlichkeit den Eindruck, daß es so sein werde. Und das ist gefährlich.«

Bill Whitson ist Direktor der Earthquake Task Force des Staates Kalifornien – Chef eines Teams von mehr als 400 Experten der unterschiedlichsten Fachrichtungen, vom Feuerschutzexperten bis zum Psychotherapeuten. Bill Whitson wohnt und arbeitet in seinem Haus in Tiburon, am Nordufer der San Francisco Bay. Wenn er die großen gläsernen Schiebetüren im Wohnzimmer öffnet und auf die Veranda hinaustritt, bietet sich ein mindestens dem Besucher überwältigendes Panorama: rechts liegt Sausalito mit seinen Yachthäfen; hinter den grünen Hügeln ragen die leuchtend roten Stahlpfeiler und Tragseile der Golden Gate Bridge empor; ganz links spannt sich die Bay Bridge in vier Bögen hinüber nach Treasure Island; und zwischen den Brücken: die Bucht – gespickt mit Hunderten weißer Segel. Dahinter die Skyline von San Francisco: die spitz aufragende Pyramide des Transamerica Building, der dunkelbraune Granit-Wolkenkratzer der Bank of America, die glitzernden Bürotürme im Financial District, in deren Glasfassaden sich das Sonnenlicht vieltausendfach spiegelt.

»Vielleicht geschieht es ja jetzt gleich«, sagt Bill Whitson, als wir dieses Panorama betrachten. »Das ist ein Gedanke, gegen den man sich gern sträubt, den man nur spielerisch, wie im Scherz, nie freiwillig denkt – und nie zu Ende. Wir meinen immer, wir hätten noch Zeit – Zeit, uns vorzubereiten, Vorkehrungen zu treffen, Pläne auszutüfteln; wenigstens ein Jahr, oder doch Monate. Uns, die wir uns professionell mit dem *großen Beben* beschäftigen, ist schon klar, daß es kommen muß – aber irgendwie neigt man dazu, das für eine theoretische

Einsicht zu halten ... daß es jetzt gleich kommen könnte, buchstäblich im nächsten Augenblick, und daß dann nur zählt, was wir bisher an Vorsorge getan haben und nicht das, was wir für die Zukunft planen – das ist ein Gedanke, zu dem man sich immer wieder zwingen muß. Ich tue das. Viele andere ziehen vor, es nicht zu tun. Es ist ja auch nicht gerade bequem ...«

Bill Whitson, Doktor der Philosophie und Ex-Berufsoffizier, ist ein Mann mit ungewöhnlichen Qualitäten: Er verbindet Phantasie mit Skepsis, Kreativität mit Disziplin, Fleiß mit Gelassenheit, Engagement mit Geduld, Vision mit Pragmatismus, ausgewiesene Kompetenz mit der raren Fähigkeit zuzuhören und der Bereitschaft dazuzulernen – der geborene Teamchef. Bill Whitsons Task Force hat denn auch seit ihrer Gründung im November 1980 eine Reihe sehr unkonventioneller die meisten Katastrophenprofis überraschender Konzepte ausgearbeitet. Jene Desaster-Strategie, die da in zweijähriger Arbeit zustande kam, ist in jeder Hinsicht unorthodox – sie stellt längst als gesichert geltende Patentrezepte respektlos in Frage, zieht konventionelle Antworten auf gängige Fragen in Zweifel, stellt neue Fragen und gibt alternative Antworten – Bill Whitsons ›Katastrophenphilosophie‹ räumt mit einer Reihe von Illusionen unnachsichtig auf und legt bequeme, beruhigende Dogmen zugunsten einer unbequemen, beunruhigenden Realität ad acta. Das gefällt vielen beamteten Katastrophenplanern gar nicht – aber wahrscheinlich ist die Strategie des Bill Whitson die einzige, mit deren Hilfe Kalifornien die drohende Apokalypse wird bewältigen können.

»Zu den am weitesten verbreiteten und gefährlichsten Irrtümern«, sagt er, »gehört die Vorstellung, im Falle eines Erdbebens werde eine gewaltige, gut geölte und mehr oder minder reibungslos funktionierende Hilfsmaschinerie anlaufen: Hubschrauber fliegen mobile Containerkliniken ein; Sanitätsflugzeuge bringen Ärzte in die Stadt und fliegen Verletzte in die benachbarten Staaten aus; Kolonnen von Krankenwagen, Armeen von Helfern, Trecks mit Versorgungsgütern rollen an; und vor Ort sorgen Polizei, Armee und Feuerwehr für einen geordneten Gang der Ereignisse; so denken sich die meisten

Leute das. Ich glaube nicht, daß dies so sein wird. Und ich halte es für eine höchst fahrlässige Strategie, den Menschen in Kalifornien den Eindruck zu vermitteln, als müßten sie im Falle einer Erdbebenkatastrophe nichts weiter tun, als darauf zu warten, daß man ihnen hilft. Es wird ganz anders sein: Sie werden sich selbst helfen müssen. Und dazu muß man sie in die Lage versetzen. Das wiederum bedeutet: Man muß ihnen klarmachen, daß im Zweifelsfall nichts, aber auch gar nichts funktionieren wird!«

Für ein Land wie die USA, zumal für einen ›Sonnenstaat‹ wie Kalifornien, der in so extremem Ausmaß an das Funktionieren von Dienstleistungen aller Art, vom Telefon über die Highways, das Fernsehen und die rund um die Uhr geöffneten Supermärkte gewöhnt ist, ein fürwahr unkonventioneller Gedanke – was das in der Realität bedeuten wird, läßt sich mit einiger Phantasie evaluieren, aber kaum zu Ende denken. Der Durchschnittskalifornier, der sich in einem rüttelnden, gefährlich schwankenden Haus wiederfindet, dessen Möbel durch die Zimmer tanzen, dessen Lichter verlöschen, wird sich einer ganz außergewöhnlichen Situation gegenübersehen: Dunkelheit. Kein Licht an der Decke, keine Straßenbeleuchtung. Er wird am Einschaltknopf des Fernsehers herumfingern, aber die Mattscheibe wird dunkel, der Lautsprecher stumm bleiben; er wird vielleicht im Schein eines Streichholzes oder eines Feuerzeuges nach Kerzen suchen, um sich zunächst einmal Licht zu machen; vielleicht wird bereits in diesem Augenblick sein Haus in die Luft fliegen, weil ein angebrochenes Gasventil die Räume mit einem hochexplosiven Gemisch aus Propan und Sauerstoff gefüllt hat. Wenn nicht, dann wird dieser Kalifornier, noch unsicher auf den Beinen, nach dem furchterregenden Erlebnis mit der schwankenden Erde zur Haustür tappen; vielleicht wird er auf der gegenüberliegenden Straßenseite seinen halberschlagenen, blutüberströmten Nachbarn liegen sehen, und dann wird er hinüberlaufen, aber wahrscheinlich wird er nicht wissen, was zu tun ist; er wird also ins Haus zurücklaufen, wird in der Dunkelheit nach dem Telefon tasten, wird es schließlich finden und feststellen, daß es nicht funktioniert; von da an wird er in Panik geraten – wird herausfinden wollen, in welcher Lage er sich befindet, wie schlimm es wirklich steht – aber es wird niemand da sein, der es ihm sagt: kein TV-Mann, der ihn auf dem laufenden hält, kein Polizist, der ihm telefonisch Verhaltensmaßregeln gibt, und erst recht kein Ambulanzwagen, den er herbeirufen kann; von diesem Augenblick an wird er die schreckliche Wahrheit begreifen: daß es sich nicht um eine Fernseh-Katastrophe handelt, bei der man nur Zuschauer ist – sondern ein echtes, ein reales, ein lebensgefährliches Ereignis. »Wir müssen die Öffentlichkeit auf die Möglichkeit vorbereiten«, sagt Bill Whitson, »daß sie nach einem katastrophalen Erdbeben während der ersten Stunden nicht auf Hilfe von außen rechnen darf. Eine Stadt wie San Francisco wird nach einem schweren Beben für etwa 72 Stunden praktisch von der Außenwelt abgeschnitten sein – während dieser Zeit muß sie mit dem auskommen, was sie an Ressourcen hat – und zu diesen Ressourcen, diesem Hilfspotential, gehört eben zuallererst die Bevölkerung!«

Bill Whitson rechnet damit, daß bei einem schweren Erdbeben in einem der Ballungsgebiete Kaliforniens rund 50000 Menschen ihr Leben verlieren könnten; weitere 50000 Menschen, so kalkuliert Whitson, werden so schwer verletzt sein, daß man ihnen innerhalb von 48 Stunden helfen muß, wenn sie überleben sollen; die Zahl der schwer (aber nicht lebensgefährlich) Verletzten schätzt er auf etwa 100000, die der Leichtverletzten könnte immerhin eine halbe Million erreichen, und rund 400000 Menschen werden nach einem solchen Beben vermutlich obdachlos sein. »Wenn Sie sich diese Zahlen vergegenwärtigen«, sagt Whitson, »dann wird Ihnen zweierlei klar. Erstens: Es ist völlig undenkbar, daß die ›professionellen‹ Helfer, also Feuerwehr, Polizei, Sanitäter, Ärzte und so weiter, mit einer solchen Situation fertig werden könnten. Zweitens aber: Rund 80 Prozent der Bevölkerung werden dieses Beben lebend und allenfalls mit unwesentlichen Verletzungen überstehen. Die große Frage ist nun: Wie mobilisieren wir diese 80 Prozent?«

Kaliforniens Erdbebenplaner Bill Whitson ist fest davon überzeugt, daß dieser Staat nur dann eine reelle Chance hat, eine schwere Erdbebenkatastrophe zu bewältigen, wenn es gelingt, »alle ins Spiel zu bringen: staatliche Hilfsdienste, örtliche Rettungsdienste, die Privatwirtschaft und den einzelnen Bürger. Nur wenn wir es schaffen, die Aktivitäten all dieser ›Mitspieler‹ zu koordinieren, haben wir eine Chance . . .«

Auf dem Weg dahin sind Bill Whitson und seine Task Force bereits ein gutes Stück vorangekommen: Erstmals sind die Rollen, die Aufgaben der vielen staatlichen und städtischen Dienststellen im Fall einer Bebenkatastrophe genau definiert. Erstmals wissen die Katastrophenplaner in Kalifornien nun dank der Arbeit von Bill Whitsons Task Force, wo im Staate wie viele Bulldozer, Lastwagen und Omnibusse vorhanden sind, und die privaten Bau- und Fuhrunternehmer wissen, zu welchen Sammelplätzen sie ihr Gerät im Falle einer Erdbebenkatastrophe zu bringen haben. Und erstmals wissen auch Hunderte von Leichenbeschauern im ganzen Land, wohin sie nach einem Erdbeben gehen müssen, um dann mit Armeehubschraubern ins Katastrophengebiet geflogen zu werden . . .

Die schwierigste Aufgabe, so räumt auch Bill Whitson ein, ist die Aktivierung der Bevölkerung – denn da gibt es zunächst einmal eine Reihe von psychologischen Hürden zu nehmen: Nur wer bereit ist, sich über das wahrscheinliche Ausmaß einer solchen Erdbebenkatastrophe ein realistisches Bild zu machen, ist überhaupt für solche Planspiele zu motivieren; aber wer malt sich schon gerne ein solches Desaster aus! Immerhin aber kann Bill Whitson auf die Arbeit einer ganzen Reihe von ›Selbsthilfegruppen‹ aufbauen: Initiativgruppen von besorgten Bürgern, die sich über die Eventualitäten einer solchen Erdbebenkatastrophe Gedanken machen.

Da gibt es in San Francisco zum Beispiel das ›Project Prepare‹, zu deutsch etwa: ›Projekt Vorsorge‹. Einmal in der Woche trifft man sich im Haus von Patricia Costello auf der Green Street im vornehmen Stadtteil Pacific Heights. Meist sind es ›Damen der Gesellschaft‹ – gutsituierte Frauen, die sowohl über die Zeit als auch über das Geld verfügen, sich diesem ›Hobby‹ zu widmen – und sie tun es mit erstaunlicher Energie und beachtlichen Erfolgen: Sie verteilen Flugblätter vor Schulen und Supermärkten, auf denen Verhaltensmaßregeln für den Fall eines Erdbebens nachzulesen sind; sie rücken der privaten Elektrizitätsgesellschaft auf die Pelle, um zu erreichen, daß künftig solche Flugblätter der monatlich verschickten Stromrechnung beigelegt werden; sie verhandeln mit den großen Supermarktketten, damit die auf ihren Einkaufstüten gedruckte Überlebens- und Erste-Hilfe-Tips dulden – kein ganz leichtes Unterfangen. Die Händler nämlich fürchten, daß die Kunden einem Supermarkt, auf dessen Tüten sie an ein so unangenehmes Thema wie das Erdbeben erinnert werden, fernbleiben werden ...

Daß Patricia Costello und ihre Mitstreiterinnen, die sich 1974 zum erstenmal zusammensetzten, ganz genau wissen, wie sie sich bei einem schweren Erdbeben zu verhalten haben, welche Nahrungsmittel und Arzneien sie vorsorglich immer in größeren Mengen im Haus haben sollten, daß sie wissen, wie man Schocks und Knochenbrüche behandelt, daß alles versteht sich von selbst: In vielen mehrtägigen Seminaren haben sich die Frauen von Pacific Heights von den Experten ins Bild setzen lassen. Das aber ist nur ein Nebeneffekt – in erster Linie, so sagt Patricia Costello, »geht es bei ›Project Prepare‹ um Information – Information für eine Öffentlichkeit, die gefährlich ahnungslos ist!« Eines ist gewiß: Die Nachbarn von Pat Costello und jenen anderen 25 Frauen, die am ›Project Prepare‹ mitarbeiten, sind in einer glücklichen Lage: Es wird nach einem schweren Erdbeben dort nämlich Leute geben, die wissen werden, was zu tun ist. Gäbe es mehr solcher Selbsthilfegruppen in Kaliforniens Großstädten, gäbe es gar in jedem Häuserblock eine solche Initiative, so könnte man dem ›Tag X‹ sehr viel gelassener entgegensehen.

Die Psychologie der Katastrophe

Zu jenen Experten, die den Frauen von ›Project Prepare‹ mit ihrem Rat zur Seite stehen, gehört auch der Psychotherapeut Alfred Auerbach. Er hat sie darauf vorbereitet, daß es nach einer Erdbebenkatastrophe nicht allein um Erste Hilfe gehen wird, wie man sie beim Roten Kreuz lernt; die Helfer werden nicht nur mit physischen Verletzungen konfrontiert werden. Ein solches Erdbeben wird vielmehr auch psychische Notstände auslösen.

Alfred Auerback hat sich seit vielen Jahren mit der Psychologie von Menschen in Ausnahmesituationen beschäftigt: Er behandelte Patienten, die Schiffsuntergänge, Flugzeugabstürze und Eisenbahnunglücke überlebt hatten; er interviewte Menschen, die Tornados, Überschwemmungen und Brandkatastrophen entkommen waren. Und: Er behandelte Menschen, die ein schweres Erdbeben überstanden hatten. Diese Gruppe von Katastrophenopfern, so fand Alfred Auerback heraus, unterscheidet sich wesentlich von den anderen – das Erdbeben, dieses einzigartige Ereignis, hat auch einzigartige Folgen: »Erdbeben«, sagt Dr. Auerback, »sind buchstäblich die einzigen Katastrophen ohne jede Vorwarnzeit. Bei Überschwemmungen gibt es solche Vorwarnzeiten, bei Bränden, bei Tornados und sogar – wenn auch nur Sekundenbruchteile lang – bei Verkehrsunfällen. Aber Erdbeben kommen ohne jede Vorwarnung. Von einem Moment zum anderen beginnt die Erde unter unseren Füßen zu beben. Gegenstände machen sich selbständig, Häuser stürzen in sich zusammen. Diese Bewegungen des Erdbodens unter uns, das ist ein erschreckendes Erlebnis, das allen unseren Erfahrungen widerspricht – denn wir alle sind aufgewachsen, haben krabbeln und laufen gelernt im festen Glauben daran, daß die Erde, der Boden etwas Festes ist; und nun beginnt diese Erde sich plötzlich zu bewegen. Das mobilisiert in jedem von uns Urängste. Ein Erdbeben ist in diesem Sinne eine außergewöhnliche, sehr verwirrende Erfahrung im Leben eines Menschen. Wer es einmal erlebt hat, vergißt es nie wieder.«

Diesen Aspekt einer Erdbebenkatastrophe hat auch der Forschungsreisende Alexander von Humboldt hervorgehoben. Er schreibt: »Das erste Erdbeben, welches wir empfinden, hinterläßt einen unaussprechlich tiefen und ganz eigentümlichen Eindruck. Was uns dabei so wundersam ergreift, ist besonders die Enttäuschung von dem eingeborenen Glauben an die Ruhe und Unbeweglichkeit des Starren, der festen Erdschichten. Von früher Kindheit an sind wir an den Kontrast zwischen dem beweglichen Element des Wassers und der Unbeweglichkeit des Bodens gewöhnt, auf dem wir stehen. Alle Zeugnisse unserer Sinne haben diesen Glauben befestigt. Wenn nun plötzlich der Boden erbebt, so tritt geheimnisvoll eine unbekannte Naturmacht als das Starre bewegend, als etwas Handelndes auf . . . wir fühlen uns in den Bereich zerstörender, unbekannter Kräfte versetzt. Man traut gleichsam dem Boden nicht mehr, auf den man tritt.«

Insbesondere diesen letzten Satz Alexander von Humboldts wird jeder unterstreichen, der einmal selbst ein Erdbeben erlebt hat: Die Erfahrung, daß dieser Boden, auf dem wir laufen gelernt haben, eben nicht starr, nicht unbeweglich ist, ist genauso eindrücklich und dauerhaft, wie es zuvor der täuschende Glaube an die ›feste Erde‹ war. Die Erfahrung mit einem Erdbeben begleitet den Menschen vermutlich lebenslang – sie ist latent stets gegenwärtig, und jede annähernd einem Erdbeben ähnliche Sinneswahrnehmung weckt sie sofort wieder: ein auf der Straße vorbeirollender schwerer Lastzug, der das Haus leicht erbeben läßt . . . das ferne Donnern eines heraufziehenden Gewitters . . . ein Windstoß, der die Fenster rattern läßt.

Ein Erdbeben, diese einzigartige Katastrophe, vergleichbar mit keiner anderen, bedeutet aber vor allem eine enorme psychische Belastung in jenem Augenblick, da der Mensch ihm ausgeliefert ist. Die erste, impulsive Reaktion eines jeden Menschen angesichts einer herannahenden Gefahr ist, die Flucht zu ergreifen, wegzulaufen. Erst danach setzt logisches Denken und auf Abwehr der Gefahr gerichtetes Handeln ein. Ein Erdbeben aber ist eine Gefahr besonderer Art – sie ist nicht nur ohne Vorwarnung plötzlich und unvermittelt da, ihr kann man sich auch nicht durch Flucht entziehen. Die Bedrohung ist elementar und total und wird von unserem Gehirn auch sofort erkannt – auch wenn wir das Ereignis während der ersten Sekundenbruchteile noch gar nicht als Erdbeben identifizieren können. Das Resultat ist Angst. Der amerikanische Psychologe L. C. McGonagle, der sich mit den Reaktionen von Menschen in Ausnahmesituationen beschäftigt hat, spricht von einer ersten, unmittelbaren Reaktion, die einer Alarmierung unserer Sinne gleichkommt und die darauf gerichtet ist, die eingetretene Situation blitzschnell zu analysieren und geeignete Gegenmaßnahmen einzuleiten. »Dieser Prozeß mündet unweigerlich in das Gefühl der Angst, wenn wir erkennen, daß Aktion nicht möglich ist«, schreibt McGonagle.

Alfred Auerbach ergänzt: »Wir wissen, daß nicht eine Katastrophe als solche psychische Störungen – man kann auch sagen: Geisteskrankheiten – hervorruft. Aber es ist gar keine Frage, daß sogar psychisch vollkommen intakte Menschen nach einer solchen Katastrophe mit seelischen Schwierigkeiten zu kämpfen haben, und zwar über eine sehr lange Zeit hinweg. Das liegt daran, daß eine Katastrophe – zumal ein Erdbeben – längst überwunden geglaubte Ängste weckt. Und Menschen, die schon im Alltag emotionelle und psychische Probleme haben, werden es erleben, daß sich diese Probleme dann plötzlich vervielfachen. Man kann keine allgemeingültigen Prognosen darüber aufstellen, wie bestimmte Menschen in einer Ausnahmesituation reagieren werden. Aber soviel ist sicher: Ein Erdbeben mobilisiert ein gewaltiges Angstpotential in jedem von uns.«

Wie die Menschen in Kalifornien mit einer solchen Situation fertig werden, wie sie auf die einzigartige Erfahrung mit einem katastrophalen Beben reagieren werden, das hängt von einer Vielzahl von Faktoren ab. Zunächst: Man wird kaum behaupten können, daß die Menschen in Kalifornien auf die Möglichkeit, daß sich *The Big One* tatsächlich ereignet, gedanklich besonders gut vorbereitet sind. Zahlreiche demoskopische Studien haben übereinstimmend gezeigt, daß die allermeisten Kalifornier das Erdbeben nicht für eine reale, wirklich drohende Gefahr halten – obwohl sie in den Zeitungen, in Magazinen, im Fernsehen und Radio ständig das genaue Gegenteil lesen und hören. 1972 veranstaltete ein seriöses Meinungsforschungsunternehmen in San Francisco eine Umfrage, mit der das Verhältnis der Öffentlichkeit zur Erdbebenproblematik erforscht werden sollte. Die Ergebnisse dieser Studie sind überaus interessant: 78 Prozent aller Befragten weigerten sich von vornherein, an einer solchen Meinungsumfrage auch nur teilzunehmen; eine der Fragen dieser demoskopischen Interviews betraf die Lebensqualität in San Francisco: Die Befragten wurden gebeten, Nachteile und Vorteile aufzulisten; keiner von jenen, die überhaupt zu Antworten bereit waren, nannte in der Rubrik »Nachteile« die Erdbebengefahr. Es fanden sich überhaupt nur 10 Prozent, die Nachteile zu nennen wußten – über 80 Prozent der Interviewten zählte nur Vorteile auf. Auf die spezifische Frage, ob man an die Möglichkeit eines Erdbebens glaube und welche Schäden dieses Erdbeben wohl auslösen würde, antwortete zwar die große Mehrheit: ja, ein Erdbeben sei nicht auszuschließen. Aber nur 27 Prozent glaubten an die Möglichkeit, ein solches Erdbeben könne »substantielle Schäden« verursachen. Folgerichtig räumten denn auch – in einer anderen Umfrage – drei Viertel der Befragten ein, sie seien »auf ein Erdbeben gar nicht vorbereitet«. Ganz ähnliche Ergebnisse erbrachte eine dritte Meinungsumfrage: Danach erklärten 61 Prozent, sie hätten »überhaupt keine Angst« vor einem Erdbeben; 34 Prozent sagten, sie hätten »etwas Angst« und nur 5 Prozent bekannten, »große Angst vor einem Erdbeben« zu haben. Es liegt auf der Hand, daß diese kollektive Verdrängung der tatsächlichen Bedrohung keine gute Voraussetzung dafür ist, mit der Katastrophe fertig zu werden.

Von großer Bedeutung dürfte sein, zu welcher Tageszeit das Erdbeben kommt. Alfred Auerback: »Wenn sich das Beben zu einem Zeitpunkt ereignet, da Familien getrennt sind – die Kinder in der Schule, der Vater an der Arbeitsstelle, die Mutter allein im Haus oder irgendwo unterwegs –, dann wird es sehr viel gravierendere psychische Folgen haben. In Angstsituationen kann schon der bloße Umstand, daß man mit einer vertrauten Person zusammen ist, ungeheuer stabilisierend wirken. In der Phase der Hilflosigkeit, die dem ersten Angstimpuls folgt, sucht der Mensch nach Bestätigung, Zuneigung, er hat das Bedürfnis, sich mitzuteilen und das Erlebte verbal zu verarbeiten. Insbesondere für Kinder ist es von entscheidender Bedeutung, in welcher Umgebung sie ein solches Ereignis erleben.«

Diese Feststellung machte auch Dr. Howard Hansen, Chefarzt der psychiatrischen Abteilung des Kinderkrankenhauses von Los Angeles und Professor für Kinderpsychiatrie und Verhaltensforschung an der University of Southern California. Dr. Hansen hat die Reaktionen seiner kleinen Patienten auf das San Fernando-Erdbeben vom Jahr 1971 sehr genau untersucht. Eines der Ergebnisse: Kinder, die das Erdbeben in Gegenwart eines zufällig am Krankenbett anwesenden Elternteils oder einer anderen wichtigen Bezugsperson erlebten, konnten dieses Ereignis sehr viel besser verarbeiten als jene Kinder, die zum Zeitpunkt des Bebens allein waren. Wie Kinder in solchen Situationen reagieren, hängt sehr weitgehend vom Verhalten der Erwachsenen ab: Zu den interessantesten Ergebnissen von Dr. Hansens Studie gehört, daß nahezu alle Kinder sehr genau Anzeichen von Angst oder Panik bei den sie umgebenden Erwachsenen – Ärzten und Pflegepersonal – zu erkennen vermochten. Der Umstand, daß sie diese Beobachtungen später bei der Beschreibung des Erdbebens immer wieder hervorhoben, deutet darauf hin, daß sie diese Angstreaktionen der Erwachsenen offenbar als genauso bedrohlich empfanden wie das Rütteln und Schwanken der Wände.

Von genereller Bedeutung scheint eine andere Beobachtung zu

sein, die Howard Hansen bei einer Reihe seiner Patienten machte: Viele Kinder brachten das für sie unerklärliche Ereignis dieses Erdbebens mit jener Phantasiewelt in Verbindung, in die sie vor den Fernsehschirmen oder beim Anschauen von Comics versetzt werden: Sie führten das Erdbeben auf ›die Außerirdischen‹ zurück, glaubten an die Landung eines Raumschiffes oder an das Wirken von Horrorfiguren aus der Comicwelt; bemerkenswert ist auch, daß eine Anzahl sehr junger Patienten (im Alter zwischen fünf und zehn Jahren) das Erdbeben mit der Explosion einer Atombombe in Zusammenhang brachte.

Das wirft die Frage auf, ob nicht möglicherweise auch die Erwachsenen in diesem ›Sonnenstaat‹ ein etwas unscharfes Bild von der Wirklichkeit haben, anders gefragt: ob sie womöglich nicht ganz klar zwischen Realität und Scheinwirklichkeiten unterscheiden können. Es ist ein naheliegender Gedanke, daß eine Gesellschaft, die Katastrophen in so großer Zahl in den elektronischen Medien vorgeführt bekommt und dabei durchaus das Gefühl hat, hautnah dabei zu sein, gleichsam alles mitzuerleben, einer realen Katastrophe ziemlich hilflos gegenüberstehen könnte: Die Mediendesaster, die zwischen Konsumgüterreklamen eingebettet als Ereignisse präsentiert werden, die der Einführung einer neuen Zahncreme durchaus gleichwertig scheinen, werden schließlich allemal bewältigt – sie gehen gewissermaßen immer gut aus und fügen sich als nervenkitzelnde optische Akzente bruchlos in die glatte TV-Wirklichkeit ein. Der Psychotherapeut Alfred Auerback gibt wohl mit Recht zu bedenken, »daß wir hier in Kalifornien eine ganz besondere Situation haben – zumal in San Francisco: gewiß, das ist eine schöne Stadt, vielleicht tatsächlich die schönste Stadt der Welt. Aber interessanterweise haben wir hier die höchste Selbstmordrate; wir haben eine weit über dem amerikanischen Durchschnitt liegende Anzahl von Gewaltverbrechen, mehr psychisch Kranke und mehr Drogensüchtige pro Kopf der Bevölkerung als die meisten anderen amerikanischen Großstädte. Das alles deutet nun, gelinde gesagt, nicht gerade darauf hin, daß wir es hier mit einer besonders stabilen, funktionierenden sozialen Gemeinschaft zu tun haben . . .«

Tatsächlich: Realitätssinn ist sicher kein die kalifornische Gesellschaft charakterisierendes Merkmal. Das gilt zumal für San Francisco – das Ende des Regenbogens, die einstige Stadt der Blumenkinder, Fluchtpunkt für Zehntausende, die, bevor sie hierherkamen, anderswo gescheitert waren: in ihren Ehen und Familien, im Beruf, in ihrem Verhältnis zur amerikanischen Gesellschaft. Kalifornien unterscheidet sich in seiner Sozialstruktur sehr deutlich vom Rest der USA, und San Francisco ganz besonders: Der Anteil bindungslos lebender Menschen ist hier sehr groß, und offenkundig auch der Anteil jener, die psychisch nicht stabil sind: Die Statistiken weisen aus, daß 25 000 der rund 700 000 Einwohner San Franciscos in ständiger psychiatrischer Behandlung sind. Alfred Auerback schätzt die Zahl jener, die mit gravierenden seelischen Problemen zu kämpfen haben, auf mindestens 50 000. Die Zahl der von harten Drogen Abhängigen in der Stadt am Golden Gate läßt sich nur annähernd schätzen – sie dürfte aber mindestens bei 10 000 liegen.

Das ist ein enormes Potential von Menschen, deren Verhaltensweisen in einer Katastrophe sich kaum abschätzen lassen. Sicher ist jedenfalls, daß die rund 10 000 Drogenkranken in den Tagen nach einer solchen Katastrophe, die vermutlich den Drogenmarkt zunächst einmal lahmlegen wird, ein gravierendes Problem darstellen werden. Erstaunlicherweise haben die staatlichen Katastrophenplaner über diesen Aspekt bislang so gut wie gar nicht nachgedacht.

Migräne vor dem Erdbeben?

Wenn die 37jährige Marsha Adams aus dem Fenster ihres kleinen Büros bei SRI-International schaut, sieht sie auf der anderen Straßenseite die Gebäude des U.S. Geological Survey. Aber trotz der Nachbarschaft ist die Verständigung zwischen der Biologin und Systemanalytikerin Marsha Adams und den Geologen vom USGS nicht immer einfach. Denn was die Wissenschaftlerin bei Stanford Research International, einem privaten Forschungs- und Datenverarbeitungsunternehmen, da herausgefunden zu haben glaubt, kommt manchen Seismologen wie Science-fiction vor.

Kündigen sich Erdbeben, diese gewaltigsten und unabwendbarsten aller Naturkatastrophen, durch Depressionen, Übelkeit, Kopfschmerzen und Allergien an? So unglaublich diese Theorie auch auf den ersten Blick klingt – Marsha Adams glaubt sie mit nüchternen, nicht manipulierten Zahlen belegen zu können. Selbst einige ehedem skeptische Seismologen interessieren sich inzwischen für die Forschungsarbeiten der jungen Wissenschaftlerin, und Kaliforniens Gouverneur Jerry Brown war sogar so beeindruckt, daß er Marsha Adams Ende 1981 in seine Earthquake Task Force berief.

Seit 1978 ist Marsha Adams einem erstaunlichen Phänomen auf der Spur: Täglich befragt sie eine Gruppe von 25 Testpersonen in ganz Kalifornien über deren gesundheitliches Befinden und speist diese Daten, klassifiziert nach Symptomen wie Depressionen, Kopfweh, Unruhegefühlen, Fieberanfällen, Allergien und dergleichen in die Datenverarbeitungsanlage bei SRI-International ein. Parallel dazu füttert sie den Rechner regelmäßig mit den Erdbebenstatistiken des U.S. Geological Survey, der amerikanischen Bundesbehörde zur Erdbebenbeobachtung, die jeden Tag ein ziemlich lückenloses Bild aller meßbaren Erdstöße rund um den Globus liefert. Beim Vergleich dieser beiden Datenbestände kam Marsha Adams zu dem überraschenden Ergebnis, daß größeren Erdstößen ein auffälliger Anstieg bestimmter physiologischer und psychischer Phänomene bei ihren Versuchspersonen vorausgeht, und zwar in einem Zeitraum von ein bis fünf Tagen vor dem jeweiligen Erdbeben.

»Wenn meine Versuchsgruppe eine Zunahme von Reaktionen wie Migräne, Schüttelfrost, Depressionen oder Allergien meldet, dann können wir ziemlich sicher sein, daß in den folgenden 72 Stunden die Erdbebenaktivität deutlich zunehmen wird«, sagt Marsha Adams. Inzwischen glaubt die Wissenschaftlerin sogar an der Art der Symptome auf den Ort eines bevorstehenden Bebens schließen zu können: »Beben in bestimmten Regionen der Welt scheinen sich durch bestimmte Symptome anzukündigen – Erdbeben im Mittelmeerraum etwa durch Kopfschmerzen, Beben in Kalifornien dagegen typischerweise durch starke Unrast bei den Versuchspersonen.«

Das hört sich so ganz und gar unglaublich an, daß man sich etwas eingehender mit der Hypothese von Marsha Adams beschäftigen muß. Wohlgemerkt: Die Biologin behauptet nicht, daß die Versuchspersonen Erdbeben vorhersehen oder ahnen können – »das hat nichts mit Parapsychologie zu tun«, sagt Marsha Adams. »Wir haben lange nach einem Bindeglied zwischen diesen beiden Phänomenen – Erdbeben und biologischen Reaktionen – gesucht. Und wir glauben, dieses Bindeglied, diesen dritten, entscheidenden Faktor gefunden zu haben: Es ist die Solaraktivität!«

Diese Sonnenaktivität, Magnet- und Gasstürme auf der Sonne, so glaubt Marsha Adams, sind der auslösende Faktor für bestimmte physiologische und psychische Reaktionen beim Menschen einerseits und, offenbar zeitversetzt, für Erdbeben andererseits. Daß Gaseruptionen auf der Sonne und die von ihnen hervorgerufenen Veränderungen des irdischen Magnetfeldes

Erdbeben auslösen könnten ist keine neue Theorie. Der amerikanische Physiker John F. Simpson hat bereits Mitte der sechziger Jahre die zyklische Ab- und Zunahme der Solaraktivität mit der weltweiten Erdbebenhäufigkeit verglichen, und er glaubte dabei festzustellen, daß auf den Höhepunkt der solaren Aktivität, der regelmäßig alle elf Jahre eintritt, eine deutliche Zunahme der Seismizität folgt – und zwar innerhalb von rund zwei Jahren, nachdem die Solaraktivität ihren Spitzenwert erreicht hat.

Simpson hat insgesamt 22 561 Erdbeben in der Zeitspanne von 1950 bis 1963 ausgewertet, und anhand dieser Daten ergeben sich tatsächlich verblüffende Korrelationen zur Anzahl der Sonnenflecken, die als Indizien für die Solaraktivität gelten können. Erweitert man die statistische Basis nun und geht bis ins Jahr 1750 zurück, so zeigt sich die gleiche Korrelation: auf das alle elf Jahre eintretende Maximum der Solaraktivität folgt, zeitversetzt um zirka zwei Jahre, ein deutlicher Anstieg der Bebentätigkeit auf der Erde.

Die Vorstellung, daß Solarstürme geologische Vorgänge auf der Erde auslösen könnten, ist gar nicht so unplausibel. Denn was sich da auf der Oberfläche unseres Zentralgestirns abspielt, sind gewaltige Energieentladungen, die bis tief in den Raum hineinwirken. Jene Sonnenflecken, die man kurz vor Sonnenuntergang, wenn das Licht der Sonne von unserer Atmosphäre stark gefiltert wird, auch mit bloßem Auge erkennen kann, sind vier-, gar fünfmal so groß wie unsere Erde. Sie markieren extrem starke Magnetfelder auf der Sonnenoberfläche – viele tausendmal stärker als das Magnetfeld unseres Planeten. Diese gewaltigen Magnetfelder dämpfen den normalen Energiefluß an bestimmten Stellen der Sonnenoberfläche – die Oberfläche ist dort daher kälter als gewöhnlich, und so werden diese ›kalten Punkte‹ optisch für uns als Sonnenflecke sichtbar. Diese Sonnenflecken nun bergen die magnetischen Kräfte, die jene gewaltigen Sonnenstürme auslösen: Da schießen, mal zungen-, mal schleifenförmig, riesige Gasfackeln in den Raum – glühendes Wasserstoffgas, das bis zu 200000 Kilometer weit über die Oberfläche der Sonne hinausrast, mit einer Geschwindigkeit von 700, vielleicht auch 800 Kilometern in der Sekunde. Die Temperatur dieser Flammenzungen schätzt man auf 20 Millionen Grad Kelvin, und die in einer einzigen solchen Gasfackel freigesetzte Energie würde leicht ausreichen, die Bundesrepublik 10 000 Jahre lang mit elektrischem Strom zu versorgen. Unsere Erde übrigens nimmt sich neben einer solchen Sonneneruption winzig aus: Diese Flammenzungen könnten mühelos die Hälfte der Entfernung zwischen Erde und Mond überbrükken. Diese Sonneneruptionen sind von gewaltigen Magnetstürmen begleitet. Wenn sie in die oberen Schichten unserer Erdatmosphäre eindringen, dann können sie den Kurzwellenfunkverkehr nahezu zum Erliegen bringen und leuchtende Nordlichter an den Himmel zaubern.

Doch die von diesen Solarstürmen in unser Planetensystem hinausgeschleuderten Energieströme haben mitunter noch weit nachhaltigere Wirkungen: Sie können sogar die Rotationsgeschwindigkeit unseres Planeten beeinflussen, wenn auch nur um Zehntel von Millisekunden pro Tag. Denkbar wäre nun, so argumentiert Simpson, daß solche abrupten Veränderungen der Erdbeschleunigung das labile Gleichgewicht der auf dem zähflüssigen Erdmantel driftenden Kontinentalplatten stören könnten – und solche Störungskräfte könnten womöglich ausreichen, um bereits bis an die Grenze gedehntes Gestein in der Erdkruste, potentielle Erdbebenherde also, zum Bruch zu bringen. Das ist die eine empirisch noch nicht abgesicherte, aber als Hypothese interessante Überlegung, die Marsha Adams' Theorie zugrunde liegt.

Die zweite scheint weit gesicherter – sie betrifft die physiologischen und psychologischen Auswirkungen dieser Solarstürme auf Menschen. Bei einer Analyse der Kriminalstatistik der kalifornischen Stadt San José stellte Marsha Adams fest, daß die Zahl bestimmter Straftaten wie Raub, Körperverletzung, Mord und Brandstiftung in bestimmten Zyklen ab- und zunimmt. Und diese Zyklen stimmen auffallend mit jenen Veränderungen in der Erdatmosphäre überein, die von Sonnenstürmen ausgelöst werden. Marsha Adams glaubt sogar, daß es gelingen könnte, eine lückenlose Korrelation zwischen der Solaraktivität und der Zahl der Verkehrsunfälle, der Gewaltverbrechen, Affekthandlungen und gar politischen Krisen und kriegerischen Auseinandersetzungen herzustellen.

Gelänge es tatsächlich, eine zweifelsfreie Kausalität zwischen diesen drei Phänomenen – der Solaraktivität, biologischen Reaktionen und Erdbeben – nachzuweisen, so wäre die Wissenschaft wohl erstmals in der Lage, Aussagen über das globale Erdbebenrisiko für die folgenden Stunden und Tage zu machen. Vieles, was Marsha Adams zu beobachten glaubt, ist auch ihr selbst einstweilen rätselhaft – etwa, warum sich Erdbeben in verschiedenen Weltgegenden bei ihren Versuchspersonen mit unterschiedlichen Reaktionen anzukündigen scheinen. Immerhin aber hat die Biologin vom Stanford Research Institute mit ihrer Prognosetechnik während der letzten Jahre eine erstaunliche Anzahl großer Erdbeben vorausgesagt – darunter das Beben im griechischen Thessaloniki am 20. Juni 1978, das süditalienische Erdbeben vom 23. November 1980, das Beben im Iran am 11. Juni 1981 und eine große Anzahl kleinerer Erdstöße in Kalifornien.

Was viele etablierte Seismologen einstweilen noch zur Skepsis veranlaßt ist die statistische Basis, auf der diese Theorie steht – sie erscheint vielen Kritikern als zu schmal und daher zu zufallsabhängig. Ähnliche Einwände gibt es übrigens auch gegen John Simpsons Theorie einer Korrelation von Sonnenaktivität und Erdbeben. Tatsächlich stehen Wissenschaftler vor einem Dilemma: Zuverlässige Aufzeichnungen über die weltweite Erdbebenaktivität gibt es erst seit etwa 150 Jahren – das entspricht 13,5 Solarzyklen. Die jüngsten Teile der Erdkruste kann man auf etwa 1,5 Milliarden Jahre schätzen, und die Kontinentaldrift, das Auseinanderbrechen des Urkontinents Pangäa, hat nach Ansicht der meisten Fachleute vor etwa 200 Millionen Jahren eingesetzt – und diese Kontinentaldrift gilt ja nun einmal als die Hauptursache der tektonischen Beben. Dieser Zeitraum aber entspricht immerhin rund 18,2 Millionen Solarzyklen (unterstellt, daß die seit etwa 1600 Jahren anhand der Sonnenflecken beobachteten 11-Jahres-Zyklen seit jeher andauern); vor diesem Hintergrund sind nun die von Simpson beobachteten 13,6 Zyklen nur ein verschwindend kleiner Teil – nicht einmal ein Millionstel. Ist es denkbar, daß die von Simpson und Adams zur Diskussion gestellten Kausalitäten nur Zufälle sind, die sich bei Beobachtung längerer Zeiträume als solche herausstellen würden? Vielleicht.

Andererseits sind Marsha Adams' Befunde für jene Zeiträume, die sie abdecken, frappierend. Die Systemanalytikerin und Biologin rechnet mit Hilfe ihrer unbestechlichen Computer vor, daß, wer für einen beliebigen 72-Stunden-Zeitraum ein Erdbeben mit einer Magnitude von mehr als 6,5 Richter auf gut Glück ›prognostiziert‹, nach den Gesetzen der Wahrscheinlichkeit in 41 von 100 Fällen ins Schwarze trifft. Mit ihrer Methode kam Marsha Adams immerhin auf eine Erfolgsquote von 80 Prozent – und das regelmäßig über einen Zeitraum von vier Jahren. Noch günstiger sieht die Erfolgsbilanz der Wissenschaftlerin für Prognosezeiträume von 24 Stunden aus: Die Chance, durch schlichtes Raten hier richtig zu liegen, beträgt mathematisch 16 Prozent. Marsha Adams aber kommt auf über 50 Prozent.

Solche Erfolgsquoten beeindrucken inzwischen auch die ärgsten Kritiker. Robert Wallace zum Beispiel, Chef des gleich nebenan gelegenen U.S. Geological Survey in Menlo Park und einer der führenden amerikanischen Seismologen, räumt ein, daß Marsha Adams »einwandfreie wissenschaftliche Arbeit« geleistet habe, findet aber die Ergebnisse »etwas bizarr – sie passen nicht in das hinein, was wir bisher zu wissen glaubten«.

Kaliforniens Gouverneur Jerry Brown scheint entschlossen, auch unorthodoxe Meinungen zu hören: In Marsha Adams' Schreibtischschublade liegt eine Liste jener Telefonnummern, unter denen der Gouverneur und seine obersten Katastrophenmanager Tag und Nacht zu erreichen sind. Sollten Marsha Adams' Versuchspersonen eines Tages eine auffällige Häufung jener Symptome melden, die nach Überzeugug der Wissenschaftlerin auf ein drohendes Erdbeben in Kalifornien hindeuten, dann wird sie zum Telefon greifen. Den Politikern bleiben dann 72, vielleicht aber auch nur 48 oder 24 Stunden, um sich und die Kalifornier auf die Katastrophe vorzubereiten.

Erdbebenprognosen – unerwünscht?

1974 veröffentlichten die beiden amerikanischen Astronomen John Gribbin und Stephen Plagemann einen Bestseller. Titel des Buches: *Der Jupiter-Effekt*. Sein Inhalt, in aller Kürze: Für das Frühjahr 1982 sagten die Autoren ein astronomisches Jahrhundertereignis voraus: Die Planeten unseres Sonnensystems würden sich wie auf einer Perlenschnur an einer Seite der Sonne aufreihen. Dieses ›alignment‹ nun würde gewaltige Zentrifugalkräfte freisetzen: Unsere Erde, deren Ozeane ja immerhin schon unter dem Schwerkrafteinfluß des kleinen Mondes auf und ab ebben und deren Erdkruste sich sogar infolge der Anziehungskraft unseres Trabanten hebt und senkt, wäre der geballten Anziehungskraft einer ganzen Planetenkollektion ausgesetzt. Gribbin und Plagemann leiteten daraus die Prophezeiung ab, unser Planet werde im Frühjahr 1982 eine Serie verhängnisvoller Erdbebenkatastrophen zu bestehen haben – die Anziehungskraft der aufgereihten Planeten würde die ›Erdgezeiten‹ um ein Vielfaches verstärken, und diese wiederum würden akute Spannungszonen im Gestein überdehnen und so potentielle Erdbebenherde zur Auslösung bringen.
Einiges an dieser Prognose war korrekt, anderes ungenau, vieles falsch. Als nicht zutreffend erwies sich zunächst einmal die Schlußfolgerung: Die für das Frühjahr 1982 in Aussicht gestellte katastrophale Bebenserie blieb aus. Die vorhergesagte Planetenkonstellation trat zwar ein, das war aber kein Wunder, sondern ein von jedem Astronomiestudenten im ersten Semester gleichfalls vorherzusagendes Ereignis, denn schließlich be-

wegen sich die Planeten unseres Sonnensystems mit sehr großer mathematischer Genauigkeit auf ihren Bahnen. Konstellationen wie die von Gribbin und Plagemann prognostizierte kommen daher regelmäßig vor (alle 179 Jahre). Überdies standen die Planeten im Frühjahr 1982 nicht alle in gerader Aufreihung auf einer Sonnenseite, sondern mit erheblicher Streuung – richtig war lediglich, daß sie alle auf derselben Seite der Sonne anzutreffen waren. Was nun die Erdgezeiten angeht, die gibt es tatsächlich; unter dem Einfluß der Anziehungskraft des Mondes hebt und senkt sich zum Beispiel der Boden unter dem Kölner Dom um rund 50 Zentimeter – Ebbe und Flut wie an der Nordsee! In der Wüste von Nevada registrierte man mit Hilfe hochempfindlicher Laser-Meßgeräte sogar Krustenbewegungen von über 60 Zentimetern. Es sind schon gewaltige Massenbewegungen, die der Mond da in Gang setzt – aber interessanterweise hat man bisher nicht festgestellt, daß diese Erdgezeiten irgendeinen Einfluß auf die Erdbebentätigkeit hätten – weder ereignen sich bei ›Ebbe‹ besonders viele Beben noch bei ›Flut‹.

Aber der ›Jupiter-Effekt‹ – wäre nicht denkbar, daß dieser Planetenaufmarsch gewissermaßen eine terrestrische Springflut auslöst? Nein. Die Anziehungskräfte dieser weit entfernten Planeten sind, so gewaltig Riesenplaneten wie Jupiter und Saturn sich auch ausnehmen, allemal – auch miteinander addiert – auf der Erde weit schwächer als die Mondanziehungskraft. So war es kein Wunder, daß sich die Prognose von John Gribbin und Stephen Plagemann nicht erfüllte: Den ›Jupiter-Effekt‹ gibt es nicht.

Lassen sich Erdbeben vorhersagen? Wenn eine knappe Antwort gefragt ist, dann muß sie lauten: wahrscheinlich ja. Und dann muß gleich zurückgefragt werden: Erdbebenprognose – wie ist das gemeint? Gehen wir das Thema systematisch an: Aus der Beobachtung von rund zweieinhalb Jahrtausenden Erdbebengeschichte, von denen die letzten 150 Jahre mit hinreichender Genauigkeit und die letzten fünf Jahrzehnte sogar mit großer Exaktheit ausgeleuchtet sind, ergeben sich schon bereits bestimmte Prognosen: Wir wissen ziemlich genau Bescheid über die Hauptbebenregionen unseres Planeten, wir kennen die mittlere jährliche Seismizität recht gut und wissen auch, auf welche Weltgegenden sich diese Beben in etwa verteilen werden. Das ist schon eine ganze Menge: Wir kennen die extrem bebengefährdeten Regionen unseres Planeten und könnten also Vorsorge treffen, zum Beispiel in baulicher Hinsicht oder bei der Organisation unserer Hilfsdienste – was ja auch geschieht, in unterschiedlichem Maße.

Man wünscht sich freilich mehr als solche Risikoangaben – eine Erdbebenprognose sollte, so denkt der Laie, möglichst exakte Angaben über Ort, Zeitpunkt und Stärke eines bevorstehenden Bebens beinhalten – mit Toleranzen von vielleicht einigen zig Kilometern, was das Wo, einigen Tagen, was das Wann und einigen Dezimalstellen auf der Magnitudenskala, was das Wie betrifft. Das ist schon ein recht hoher Anspruch – im Grunde verlangt die Öffentlichkeit von den Seismologen mehr Präzision als von den notorisch vagen Meteorologen, die ja den Vorteil haben, aufziehende Stürme und sich nähernde Hochdruckzonen per Satellit rechtzeitig zu erspähen. Den Seismologen dagegen ist noch längst nicht klar, auf welche Indizien sie sich verlassen sollen, welche Vorzeichen wie zu deuten sind, um ein drohendes Erdbeben auszumachen. Die Auswahl ist auch nicht gerade klein: Bellende Hunde und muhende Kühe, Schlangen, die aus dem Winterschlaf erwachen, radioaktive Gase im Grundwasser, Veränderungen im Magnetfeld der Erde, Kriechströme im Gestein – diese und noch ein paar Dutzend weiterer Erdbebenvorzeichen werden immer mal wieder propagiert.

Es hat bei dem Versuch, Erdbeben vorherzusagen, glänzende Erfolge gegeben – und schmachvolle Niederlagen. Schauplatz eines solchen Erfolges und eines ihm fast auf dem Fuße folgenden Fehlschlags ist die Volksrepublik China. Dort sind mehr Seismologen als in irgendeinem anderen Land der Erde mit der Entwicklung von Prognosetechniken beschäftigt: Rund 10000 professionelle Erdbebenforscher mühen sich, unterstützt von über 100000 Helfern, die Vorzeichen eines drohenden Bebens aufzuspüren und die Evakuierung der bedrohten Regionen zu veranlassen. China verfügt über die vermutlich exaktesten Erdbebenkataloge, die mehr als drei Jahrtausende zurückreichen und nicht nur die Beobachtungen der Bevölkerung *während* der rund 1000 katastrophalen Erdbeben, die sich in diesem Zeitraum ereigneten, einschließen, sondern auch Berichte über Erdbebenvorzeichen aller Art. 300 seismographische Stationen und über 5000 Beobachtungsposten sind über das ganze Land verteilt. Viele davon bestehen einfach aus dem örtlichen Postangestellten oder dem Dorfschullehrer, der zum Beispiel regelmäßig den Anteil des radioaktiven Gases Radon im Grundwasser ermittelt, den Wasserstand in dem Brunnen des Dorfes mißt oder abnormes Verhalten der Tiere im Dorf protokolliert. Diese Daten werden in 17 Observationszentren ständig verarbeitet. Daneben steuert eine unübersehbare Zahl von freiwilligen ›Erdbebenhelfern‹ ständig Beobachtungen bei – anhand von in vielhundertfacher Millionenauflage gedruckten Flugblättern beobachten sie vor allem das Verhalten von Haustieren – ein Feldversuch gigantischen Ausmaßes, an dem nahezu die gesamte Bevölkerung Chinas teilnimmt.

Dieser enorme, in einer privatwirtschaftlichen Industriegesellschaft wohl kaum jemals zu realisierende Aufwand blieb nicht ohne Ergebnis. Geodätische Messungen in der Provinz Liaoning zwischen September 1973 und Juni 1974 erbrachten ein erstes irritierendes Ergebnis: Längs eines bekannten Bebengrabens hatte ein Hebungsvorgang der Erdoberfläche eingesetzt – die Erdkruste wölbte sich hier plötzlich auf und verdrehte sich überdies nach Nordwesten. Gleichzeitig ermittelten andere Meßtrupps im gleichen Gebiet eine auffällige Veränderung im Magnetfeld der Erdkruste, und Beobachtungsstationen am Rand der Liaotung-Bucht meldeten einen zunächst unerklärlichen Anstieg des Wasserspiegels. Auffallende Veränderungen zeigte auch die Seismizität: Während des Jahres 1974 registrierte man in dem Beobachtungsgebiet fünfmal so viele schwache Beben wie in normalen Jahren. Andere eigenartige Meldungen erreichten die Seismologen: Dorfbrunnen verschlickten allmählich, Blasen stiegen aus dem Grundwasser auf, der Gehalt des radioaktiven Gases Radon im Grundwasser stieg an, Hunde und Vieh zeigten auffällige Verhaltensabweichungen. Gegen Ende 1974 ereignete sich ein Erdbeben der Magnitude 4,8. Im Januar 1975 zeigten die Tiger in den Zoos der Provinz Liaoning zunehmende Apathie; Zigtausende von Fischen sprangen aus den Flußbetten an Land und verendeten; Hühner gackerten wie wild in ihren Käfigen, ganze Schweineherden weigerten sich, in die Stallungen zurückzukehren; Pferde und Schafe zeigten auffällige Anzeichen von Unruhe.

Am 1. Februar 1975 begannen sich die Vorzeichen zu häufen: Bauern meldeten einen plötzlichen Anstieg des Grundwassers in den Brunnen; die Herden mieden ihre Ställe; Meßtrupps stellten einen abrupten Rückgang in der natürlichen Bodenelektrizität fest; Thermalquellen versiegten plötzlich; und schließlich erschütterte ein Schwarm kleinster Erdstöße die Region. All diese Vorgänge deuteten nach Überzeugung der Wissenschaftler auf ein unmittelbar bevorstehendes Erdbeben hin. Am 4. Februar gegen 14 Uhr löste der Militärkommandant der Provinz Erdbebenalarm aus. Ohne Anzeichen einer Panik – so jedenfalls heißt es in den offiziellen Berichten – verließen die Bewohner der Städte Haicheng, Yingkow und der umliegenden Dörfer ihre Häuser – insgesamt waren es wohl an die drei Millionen Menschen, die sich an diesem 4. Februar 1975 auf den Plätzen der Städte und auf freiem Feld vor ihren Dörfern versammelten; die Bauern trieben ihre Herden aus den Ställen; die Krankenhäuser wurden evakuiert, die Patienten in eilig errichteten Zeltlazaretts untergebracht. Alles muß bestens organisiert gewesen sein – sogar für Kurzweil war gesorgt: Auf dem Marktplatz von Yinkow hatte die Armee ein Freiluftkino aufgebaut und führte Filme vor.

Um 19 Uhr 36, fünfeinhalb Stunden nach dem Alarm, kam das Erdbeben. Es hatte eine Magnitude von 7,3 auf der Richter-Skala und zerstörte in einigen Dörfern bis zu 90 Prozent aller Häuser völlig. Unter normalen Umständen hätte ein Beben dieser Stärke mit Sicherheit Hunderttausende von Todesopfern gefordert. Dank der voraufgegangenen Warnung und der Evakuierung nahezu aller Gebäude blieb es bei einigen hundert Toten – meist handelte es sich um Bewohner, die der Warnung keinen Glauben geschenkt hatten und in ihren Häusern geblieben waren.

Das war der erste spektakuläre Fall einer erfolgreichen Erdbebenprognose. Robert M. Hamilton, Chef der Abteilung für Erdbebenstudien beim U.S. Geological Survey: »Der chinesische Erfolg ist ein Signal – es sieht so aus, als sei das Zeitalter der Erdbebenprognose tatsächlich angebrochen.« Die Vorhersage des Liaoning lehrt uns vieles – um es gleich vorwegzunehmen, auch dies: Es scheint kein Patentrezept zu geben, mit dessen Hilfe Erdbeben exakt vorherzusehen sind – ein Jahr nach dieser erfolgreichen Bebenprognose brach, von den chinesischen Seismologen nicht vorhergesehen, das vermutlich furchtbarste Erdbeben der Neuzeit über die Millionenstadt Tangshan 150 Kilometer östlich von Peking herein. Dieses Beben kostete nach zuverlässigen Schätzungen etwa 700 000 Menschen das Leben und verletzte mindestens noch einmal so viele schwer. Zwei Wochen nach dieser Katastrophe lösten die Seismologen in der nördlich von Hongkong gelegenen Provinz Kwangtung Erdbebenalarm aus. Fast zwei Monate lang lebten Hunderttausende in Zelten und notdürftig hergerichteten Hütten, das Wirtschaftsleben kam nahezu völlig zum Erliegen; aber das vorhergesagte Erdbeben trat nicht ein.

War die erfolgreiche und für Hunderttausende lebensrettende Vorhersage des Liaoning-Bebens am Ende womöglich nur ein Zufallstreffer? Das sicher nicht – aber doch ein Glücksfall, der die Seismologen eines lehrte: Offenkundig gibt es eine Vielzahl von Erdbebenvorboten – von auffälligem Tierverhalten über Veränderungen des Grundwasserspiegels bis hin zu Spannungsänderungen der Erdströme. Die chinesischen Erfahrungen zeigen aber, daß diese Vorzeichen nicht nach einem festen, stets gültigen Muster auftreten. Es scheint vielmehr so, daß drohende Erdbeben auch unter Umständen ohne eines dieser bisher beobachteten Warnsignale hereinbrechen – ihnen gehen vielleicht andere, noch gar nicht aufgespürte Anzeichen voraus. Wie all diese bekannten und noch unerkannten Signale, die ein bevorstehendes Beben ankündigen, zu deuten sind, in welchen Beziehungen sie zueinander stehen, wodurch sie ausgelöst werden – das sind offene Fragen, auf die wir eine Antwort finden müssen, wenn wir wirklich zuverlässige Methoden der Erdbebenprognose entwickeln wollen.

Daß es solche Erdbeben-Vorboten gibt, steht außer Frage: Sie sind in reicher Zahl übermittelt – nicht nur in alten Erdbebenberichten von zweifelhafter Verläßlichkeit, sondern auch aus unseren Tagen: So zum Beispiel vom Friaul-Erdbeben des Jahres 1976. Hier gibt es gleich dutzendweise zuverlässige Berichte über abnormes Tierverhalten vor dem Erdbeben. Verfügen Hunde und Pferde, Schlangen und Vögel womöglich über sensiblere Sinnesorgane als der Mensch, mit denen sie die sich tief unten in der Erdkruste anbahnenden Bruchvorgänge Stunden, gar Tage vorher wahrnehmen? Und welcher Art sind die Signale, die das gestreßte Gestein aussendet? Sind es Veränderungen im Magnetfeld, tellurische Ströme oder schwächste Mikrobeben – ein Knistern im bis nahe an die Bruchgrenze gespannten Gestein, das unseren empfindlichen Seismographen womöglich entgeht?

Es gibt zahllose Hypothesen, Versuche einer Antwort auf diese Fragen – sie alle zu diskutieren, würde hier zu weit führen. Der Physiker Helmut Tributsch hat in seinem Buch *Wenn die Schlangen erwachen* eine Reihe von unkonventionellen Aspekten dieses Themas umfassend dargestellt. Anders als noch vor ein, zwei Jahrzehnten widmen inzwischen auch die Seismologen der Frage, ob nicht womöglich das Verhalten der Tiere vor einem Erdbeben helfen kann, die offenen Fragen zu beantworten, größere Aufmerksamkeit. Eines jedenfalls ist sicher: die Möglichkeit einer präzisen Erdbebenprognose ist nicht länger eine Utopie – es ist eine Frage von vielleicht nur noch wenigen Jahren, höchstens Jahrzehnten, bis wir verläßliche Prognosetechniken zur Verfügung haben werden. Die Möglichkeiten, die uns die Datenverarbeitungstechnik bietet, werden entscheidend mit dazu beitragen, die Vielzahl der bereits bekannten Parameter in eine sinnvolle Ordnung zu bringen und jene anderen, noch unbekannten Indizien aufzuspüren.

Aber denken wir einmal ein wenig voraus: Welchen Gebrauch

könnten hochentwickelte Gesellschaften wie die Kaliforniens oder Japans von einer solchen Möglichkeit eigentlich machen? Ein Vorgang, der sich 1982, von den meisten Zeitungen nur am Rande notiert, in der italienischen Stadt Neapel ereignete, beleuchtet schlagartig, mit welchen Problemen wir uns konfrontiert sehen könnten, wenn es erst einmal Erdbebenprognosen gibt: An einem Sonntagabend erscholl in einem vollbesetzten Kino am Rande der Via Roma in Neapel der Ruf: »Erdbeben! Erdbeben!« Unter den 1500 Kinobesuchern entstand innerhalb weniger Sekunden eine Panik. Die Zuschauer versuchten, so schnell wie möglich hinaus ins Freie zu gelangen. Menschen wurden niedergetrampelt oder durch Glasscheiben gedrückt. Die Bilanz: 20 Verletzte, sechs davon lebensgefährlich. Das vermeintliche Erdbeben fand nicht statt. Jemand hatte sich einen Scherz gemacht...

Nicht nur Erdbeben, auch Erdbebenwarnungen können schlimme Folgen haben. Aber zunächst einmal: Erdbebenwarnungen können lebensrettend sein, keine Frage. Dr. Richard Andrews, Direktor des Southern California Earthquake Preparedness Project: »Ich glaube, daß wir unter günstigen Umständen alle oder doch nahezu alle potentiellen Opfer retten könnten, wenn wir eine Erdbebenwarnung hätten.« Und Jim Dietrich, Programmchef des Erdbeben-Prognose-Programms des U.S. Geological Survey in Menlo Park sagt: »Wir könnten erhebliche Vorsorgemaßnahmen treffen. Um nur Beispiele zu nennen: kritische, bebenempfindliche Industrien könnten stillgelegt werden; wir könnten die Entladung von Öltankern in Oakland stoppen; und wir würden sicher keine Space-Shuttle-Rakete aufgetankt und startbereit auf der Rampe der Vandenburg Air Force-Base stehen haben...« Richard Andrews: »Statt 14 000 Todesopfer hätten wir in San Francisco vielleicht weniger als 100; das ist ja wohl schon ein erheblicher Unterschied.«

Clarence Allen vom California Institute of Technology (Caltech) aber gibt zu bedenken: »Es wäre eine Tragödie, wenn wir es lernten, Erdbeben vorherzusagen, bevor wir gelernt haben, mit diesen Vorhersagen umzugehen!« Marsha Adams, die Biologin bei SRI-International, die sich nah an einer zuverlässigen Prognosetechnik glaubt, meint: »Eine Erdbebenvorhersage muß nicht mehr Aufsehen erregen als eine Wettervorhersage. Wir hier in Kalifornien geben ja zum Beispiel jeden Tag in den Fernsehnachrichten eine Smog-Warnung für Städte wie Los Angeles: ›... das Smog-Risiko für morgen beträgt 30 Prozent ...‹ Ähnlich könnten wir das mit dem Erdbeben machen: ›... morgen 10 Prozent Erdbebenrisiko für San Francisco ...‹ oder ›... 60 Prozent Erdbebenrisiko ...‹«

Erdbeben allerdings sind keine Wolkenbrüche und Erdbebenprognosen etwas anderes als Sturmwarnungen. So vernünftig Marsha Adams' Ansicht auch klingt, sie ist illusionär. Welche Konsequenz zumal eine langfristige Erdbebenprognose haben kann, erfuhren zwei amerikanische Seismologen, die in den siebziger Jahren der peruanischen Hauptstadt Lima eine verheerende Erdbebenserie in Aussicht stellten. In dieser Prognose, die rund ein Jahr vor dem behaupteten Beben publiziert wurde, war von einem gewaltigen Erdstoß die Rede, in dem die Bebenserie kulminieren werde: ein Erdbeben der Magnitude 9,9 – das schwerste Erdbeben aller Zeiten.

Diese Vorhersage hatte weitreichende Folgen: Zahllose Menschen verließen die angeblich von Tsunamis bedrohten Küstenregionen; der Fremdenverkehr in dem ›Katastrophengebiet‹ kam ebenso völlig zum Erliegen wie der Immobilienmarkt; die Flüge aus Lima waren über Monate völlig ausgebucht, während Jets, die nach Lima flogen, nahezu leer waren; die Wirtschaft in der peruanischen Hauptstadt erlitt Verluste in Milliardenhöhe.

Man mag den beiden Wissenschaftlern unterstellen, daß sie sich über die Konsequenzen ihrer Prognose Gedanken gemacht hatten; beim Abwägen des Für und Wider hat wohl die Überzeugung den Ausschlag gegeben, daß die Aussicht auf die Rettung Hunderttausender Vorrang haben müsse vor allen anderen Erwägungen.

Der Umstand, daß die Erdbeben-Prognostik voraussichtlich über eine Reihe von Jahren hinweg kaum wirklich zuverlässige Aussagen wird machen können, daß sie vielmehr zunächst eine experimentelle Wissenschaft bleiben wird, macht das alles nicht einfacher: das Chaos, vielleicht gar die Panik, jedenfalls die enormen wirtschaftlichen und politischen Kosten, die ein Erdbebenalarm zwangsläufig auslösen muß, dürften kaum Gegenstand großer Kontroversen sein, wenn das prognostizierte Beben tatsächlich eintritt.* Dann würde sich unter anderem zwangsläufig auch die Frage ergeben, ob jene Unternehmen, denen durch die Erdbebenwarnung wirtschaftliche Schäden entstanden sind, Regreßansprüche gegen jene geltend machen könnten, die den Alarm ausgelöst haben. Die Crux ist: in einem Staat wie Kalifornien könnte eine erfolgreiche Bebenprognose vermutlich Zehntausende von Menschenleben retten; gleichzeitig ist aber eine Gesellschaft wie die Kaliforniens, ein privatwirtschaftliches, demokratisches System wie das amerikanische, ungleich empfindlicher für Ausnahmezustände, wie sie eine solche Prognose auslösen müßten. Sicher ist: die Veröffentlichung einer Erdbebenprognose erfordert hier deutlich mehr Mut als in einem totalitär strukturierten Staat wie der Volksrepublik China.

Wir haben jenen Punkt noch nicht erreicht, wo die Wissenschaft gleichsam routinemäßig und mit hinreichender Genauigkeit Erdbebenprognosen erstellen kann; aber dieser Zeitpunkt könnte bald erreicht werden. Und daher wären die Katastrophenplaner in den Regierungsetagen gut beraten, sich mit den Implikationen dieser absehbaren Entwicklung auseinanderzusetzen – denn die Erdbebenwarnung kann einen Ausnahmezustand herbeiführen, der dem eines unangemeldet hereinbrechendes Erdbebens unter Umständen in nichts nachsteht. Und dennoch: »Wir haben im Grunde gar keine Alternative«, sagt Richard Andrews, »es ist undenkbar, daß wir wegen dieser Problematik unsere Bemühungen um zuverlässige Erdbebenprognosetechniken einfach einstellen. Was auch immer die negativen Auswirkungen einer solchen Vorhersage sein mögen – die möglichen Vorteile sind so überzeugend, daß wir wirklich keine andere Wahl haben, als weiterzumachen...«

* Und sich die Warnung als lebensrettend erweist. Anders liegt der Fall, wenn das vorhergesagte Beben nicht eintritt.

Register